高等职业教育园林工程类"十二五"规划教材
省级示范性高等职业院校"优质课程"建设成果

园林工程技术专业导论

主　编　王占锋　周沁沁

西南交通大学出版社
·成　都·

图书在版编目（CIP）数据

园林工程技术专业导论 / 王占锋，周沁沁主编. ——
成都：西南交通大学出版社，2013.8（2014.8 重印）
高等职业教育园林工程类"十二五"规划教材
ISBN 978-7-5643-2460-5

Ⅰ. ①园… Ⅱ. ①王… ②周… Ⅲ. ①园林－工程施
工－高等职业教育－教材 Ⅳ. ①TU986.3

中国版本图书馆 CIP 数据核字（2013）第 163091 号

高等职业教育园林工程类"十二五"规划教材

园林工程技术专业导论

主编　王占锋　周沁沁

责 任 编 辑	张宝华
助 理 编 辑	姜锡伟
封 面 设 计	墨创文化
出 版 发 行	西南交通大学出版社 （四川省成都市金牛区交大路 146 号）
发行部电话	028-87600564　028-87600533
邮 政 编 码	610031
网　　　址	http://www.xnjdcbs.com
印　　　刷	成都蓉军广告印务有限责任公司
成 品 尺 寸	185 mm×260 mm
印　　　张	11
字　　　数	276 千字
版　　　次	2013 年 8 月第 1 版
印　　　次	2014 年 8 月第 3 次
书　　　号	ISBN 978-7-5643-2460-5
定　　　价	23.50 元

《园林工程技术专业导论》
编委会

主　编　王占锋　　周沁沁

副主编　蔡　军　　冯光荣　　杨丽琼　　舒晓霞
　　　　张智晖　　苏婷婷　　冯　琳

参　编　林上海　　陈善波　　伍　丹　　夏丽芝
　　　　刘　增　　赵春春　　陈立东　　兰　玉
　　　　杨　群　　汪　源　　李　谦　　于海莹
　　　　李珍林　　杨志娟　　史　伟　　杨得中

序

随着我国改革开放的不断深入和经济建设的高速发展,我国高等职业教育也取得了长足的发展,特别是近十年来在党和国家的高度重视下,高等职业教育改革成效显著,发展前景广阔。早在 2006 年,教育部连续出台了《教育部、财政部关于实施国家示范性高等职业院校建设计划,加快高等职业教育改革与发展的意见》(教高〔2006〕14 号)、《关于全面提高高等职业教育教学质量的若干意见》(教高〔2006〕16 号)文件以及近年来陆续出台了《关于充分发挥职业教育行业指导作用的意见》(教职成〔2011〕6 号)、《关于推进高等职业教育改革创新引领职业教育科学发展的若干意见》(教职成〔2011〕12 号)、《关于全面提高高等教育质量的若干意见》(教高〔2012〕4 号)等文件,这标志着我国高等职业教育在质量得以全面提高的基础上,已经进入体制创新和努力助推各产业发展的新阶段。

近日,教育部、国家发展改革委、财政部《关于印发〈中西部高等教育振兴计划(2012—2020 年)〉的通知》(教高〔2013〕2 号)明确要求,专业设置、课程开发须以社会和经济需求为导向,从劳动力市场分析和职业岗位分析入手,科学合理地进行。按照现代职业教育体系建设目标,根据技术技能人才成长规律和系统培养要求,坚持德育为先、能力为重、全面发展,以就业为导向,加强学生职业技能、就业创业和继续学习能力的培养。大力推进工学结合、校企合作、顶岗实习,围绕区域支柱产业、特色产业,引入行业、企业新技术、新工艺,校企合办专业,共建实训基地,共同开发专业课程和教学资源。推动高职教育与产业、学校与企业、专业与职业、课程内容与职业标准、教学过程与生产服务有机融合。因此,树立校企合作共同育人、共同办学的理念,确立以能力为本位的教学指导思想显得尤为重要,要切实提高教学质量,以课程为核心的改革与建设是根本。

成都农业科技职业学院经过 11 年的改革发展和 3 年的省级示范性建设,在课程改革和教材建设上取得了可喜成绩,在省级示范院校建设过程中已经完成近 40 门优质课程的物化成果——教材,现已结稿付梓。

本系列教材基于强化学生职业能力培养这一主线,力求突出与中等职业教育的层次区别,借鉴国内外先进经验,引入能力本位观念,利用基于工作过程的课程开发手段,强化行动导向教学方法。在课程开发与教材编写过程中,大量企业精英全程参与,共同以工作过程为导向,以典型工作任务和生产项目为载体,立足行业岗位要求,参照相关的职业资格标准和行业企业技术标准,遵循高职学生成长规律、高职教育规律和行业生产规律进行开发建设。按照项目导向、任务驱动教学模式的要求,构建学习任务单元,在内容选取上注重学生可持续发展能力和创新创业能力的培养,具有典型的工学结合特征。

本系列教材的正式出版，是成都农业科技职业学院不断深化教学改革的结果，更是省级示范院校建设的一项重要成果，其中凝聚了各位编审人员的大量心血与智慧，也凝聚了众多行业、企业专家的智慧。该系列教材在编写过程中得到了有关兄弟院校的大力支持，在此一并表示诚挚感谢！希望该系列教材的出版能有助于促进高职高专相关专业人才培养质量的提高，能为农业高职院校的教材建设起到积极的引领和示范作用。

　　诚然，由于该系列教材涉及专业面广，加之编者对现代职业教育理念的认知不一，书中难免存在不妥之处，恳请专家、同行不吝赐教，以便我们不断改进和提高。

龙　旭

2013 年 5 月

目 录 CONTENTS

第一章　认识高等教育和高等职业教育

第一节　高等教育

高等教育是在完成中等教育的基础上进行的专业教育,是培养高级专门人才的社会活动。高等教育的发展历史可以追溯到中世纪的大学,后来历经发展,主要是英国、德国、美国大学的不断转型,形成了高等教育的三项职能,即培养专门人才、科学研究、服务社会。 改革开放以来,我国高等教育事业获得了长足的发展,取得了令人瞩目的成绩,初步形成了适应国民经济建设和社会发展需要的多种层次、多种形式、学科门类基本齐全的社会主义高等教育体系,为社会主义现代化建设培养了大批高级专门人才,在国家经济建设、科技进步和社会发展中发挥了重要作用。

一、高等教育的分类

(一)根据大学的类型分

国家教育发展研究中心将我国高等教育分为四种类型。

1. 研究型大学

这类大学的明显特征是学科综合性强,每年授予的博士学位数多,培养的人才层次为本科及本科以上,满足的是对高层次研究型人才和研究型成果的需求;研究生占全校学生的20%~25%,每所学校每年授予的博士学位数至少为50个。

2. 教学研究型大学

这类大学的教学层次以本科生、硕士生为主,个别行业性较强的专业可招收部分博士生,但不培养专科生。

3. 教学型本科院校

这类学校的主体是本科生的教学,特殊情况下有少量的研究生或专科生。

4. 高等专科学校和高等职业学校

这类学校体现了高等教育在学校、专业设置上最为灵活的部分，主要是为了满足当地经济建设及社会发展的需要。

（二）根据大学的培训形式分

1. 普通高等教育

普通高等教育五大学历教育是教育部最为正规且用人单位最为认可的学历教育。普通高等教育是在完成中等教育的基础上进行的专业教育，是培养高级专门人才的主要社会活动。普通高等学校指按照国家规定的设置标准和审批程序批准举办的，通过全国普通高等学校统一招生考试（统招生），以招收普通高中毕业生为主要培养对象，实施高等教育的全日制大学、独立学院和职业技术学院、高等专科学校。根据高考录取批次的不同，本科也分为一本、二本、三本，但它们同属于一个层次和等级（即本科教育层次）。同时本科又分为"重点本科高校"与"普通本科高校"。"重点本科高校"与"普通本科高校"只是侧重不同，无本质差别，前者注重理论研究，后者注重理论实践应用。普通高等教育指主要招收高中毕业生进行全日制学习的学历教育，是"中国高等教育储干培养计划"最具权威的措施之一，也是"中国高等教育高层次人才培养方案"的主要措施。

"中国高等教育储干培养计划"之下的本科办学等级（部属、省属、市属）的不同，本科办学体制以及性质（公办、民办）的不同，由办学体制决定的本科学费高低的不同，本科（一本、二本、三本）各大学毕业证书"本簿和颜色"的相同与不同等，与本科高校的层次和"学历、文凭"水平的高低无关，所以一本、二本、三本高校是具有相同本科学历和文凭的高校，只是侧重不同。重点本科高校（985、211高校）重理论研究，普通本科高校（普通一本、二本、三本高校）重理论应用，即重点本科重研究，普通本科重应用。

2. 成人高等教育

成人高等教育是我国高等教育的重要组成部分。经过多年的实践和探索，形成了成人高等教育改革和发展的总体目标，即动员社会各方面的力量大力支持、积极兴办多种形式、多种规格的成人高等教育，进一步增强和拓宽社会成员接受高中后教育的机会和渠道，使成人高等教育为经济和社会发展提供更加广泛的服务。高等层次岗位培训、大学后继续教育是成人高等教育的重点，学历教育是成人高等教育的重要组成部分。

3. 高教自学考试

高等教育自学考试简称自考。高等教育自学考试是对自学者进行的以学历考试为主的高等教育国家考试，是个人自学、社会助学和国家考试相结合的高等教育形式，是我国社会主义高等教育体系的重要组成部分。其任务是通过国家考试促进广泛的个人自学和社会助学活动，推进在职专业教育和大学后继续教育，造就和选拔德才兼备的专门人才，提高全民族的思想道德、科学文化素质，适应社会主义现代化建设的需要。

4. 电大开放教育

电大开放教育是相对于封闭教育而言的一种教育形式，基本特征为：以学生和学习为中心，取消和突破对学习者的限制和障碍。比如，开放教育对入学者的年龄、职业、地区、学习资历等方面没有太多的限制，凡有志向学习、具备一定文化基础的，不需参加入学考试，均可以申请入学；学生对课程选择和媒体使用有一定的自主权，在学习方式、学习进度、时间和地点等方面也可以由学生根据需要决定；在教学上采用多种媒体教材和现代信息技术手段，等等。

5. 远程网络教育

远程网络教育是一种新兴的教育模式，目前全国有教育部批准具备招生资格的试点网校68所。远程网络教育和传统教学方式不同，主要通过远程教育实施教学；学生点击网上课件（或是光盘课件）来完成课程的学习，通过电子邮件或贴帖子的方式向教师提交作业或即时交流，另有一些集中面授。

二、大学教育的特点

目的性、计划性是大学与中小学具有的共同特征，但大学教育与中小学教育又有明显的不同。就我国的教育现状来看，可以说中学教育以应试教育为主，而大学教育则以素质教育为主。为此，中小学教育以严格著称，大学教育则相对宽松自由。中学教育包办一切，而大学教育则放开手脚，给学生以更多的自由和选择。这种种区别，是由大学所肩负的任务及其职能决定的，同时也是与教育对象的身心发展水平相适应的。大学教育的特点体现在多个方面。

（一）更大的开放性

这种开放性表现在大学的专业设置、课程设置和教育教学管理等方面。大学教育强调要适应经济和社会发展，根据社会需要设置专业；各个专业的课程设置方案也会随着社会的需要而不断调整；在大学里，各个专业虽都有自己的课程设置体系，但这只是规定了学生必须学习和掌握的基础专业知识及必备的素质知识。学生可以根据专业的要求和自己的兴趣、爱好与发展目标、知识结构、能力体系，选修不同的课程，制订富有个性化特点的学习计划；在教育教学管理上，大学普遍实行学分制和弹性学制（如南开大学从2003级开始试行弹性学制）。学生制订的学习计划，可以选择主修某一个专业，还可以辅修其他专业，也可以按有关规定修读双学位。学校原则上也允许转专业。学生选课，不仅可以选择自己所在学院或系科开设的课程，还可以选择其他学院的课，甚至可以跨学校选课。

（二）更大的自主性或自由度

自由是大学的基本理念。著名德国哲学家雅斯贝尔斯曾经说过："大学生要具有自我负责的观念，并带着批判精神从事学习，因而拥有学习的自由；而大学教师则是以传播科学真理为己任，因此他们有教学的自由。"（雅斯贝尔斯：《什么是教育》，转引自《大学活页文库》第 1 辑，华东师范大学出版社，1998 年 8 月，第 7 页）学术自由是大学的基本理念。大学允许和鼓励自由的学术探讨，支持发展不同的学派，兼容并包不同的学术思想。（这是创新知识，接近真理的必要条件。）大学各门课程的教学内容，尽管也有教学大纲之类的教学规范，却不像中小学那样统一和严格，教师有根据教学大纲或教学基本要求在一定范围内选择教学内容的余地，也有传授不同学术思想和观点的自由。在学习生活方面，专业的选择、课程的选择、学习计划的制订、学习时间的运筹，等等，学生都有相当大的选择和决定权。课堂的学习只是学习生活的一部分，学生要掌握更多、更广、更深的知识，必须课下自己去钻研和拓展。教师留的作业也不再有简单的答案，若要完成它，学生需学会自己去寻找资料，进行独立思考和判断，运用所掌握的知识进行论证，锻炼实际的操作能力，此外还要留心本专业、学科及相关领域的动态与前沿问题。而这些方面的学习，不再有人督促、限制，一切要靠个人的自觉与努力。学生的业余活动也有着更大的自主性：学生可以自由选择和参加学生社团活动。学生自由支配的时间比中学明显增多。还有，学生的日常生活也需要自理自立。进入大学后，大学生们将独立面对各种人际关系，在很大程度上要独自处理与教师、与同学之间的关系。师生之间的接触一般仅限于一个学期课堂上的讲授、探讨，课下有限的交流，很难形成中学时期师生间的那种紧密关系。同学间因在一个宿舍生活产生的摩擦、矛盾，也只能靠自己去调适解决。

（三）环境的熏陶性

与开放性和自主性相联系，大学教育十分重视环境因素对学生的影响。好的大学充满着大文化的氛围，熏陶着每一位学人。学校注重营造良好的具有本校特色的校园自然环境和文化环境。其中，各大学富有特色的校训，就是学校文化环境的重要方面。譬如，南开大学以"允公允能，日新月异"为校训，北京大学以"爱国　进步　民主　科学"为校训，清华大学以"自强不息，厚德载物"为校训，天津大学以"实事求是"为校训。这些校训，反映了这些大学各自的办学理念和办学宗旨，对学生产生着无形却又深刻的影响。大学还十分注重教师的人格和治学作风、治学方法对学生潜移默化的教育和影响作用，注重大师、名师的引进和培养，注重学校学术环境对学生的作用，使学生从学校的环境和文化氛围中得到熏陶和启迪。

（四）大学学生环境的多样性

大学是一个小社会，学生能接触到方方面面的环境。如学生除了要进行学习外，还要参加学生管理工作、社团组织活动、校园文化活动等。大学生在校园的生活是丰富多彩的，下图所示就说明了这个问题。

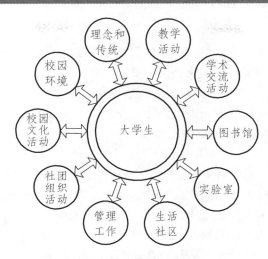

图　大学生活环境示意图

三、大学的主要职能与发展方向

1. 培育人才

学校教育，育人为本。培育人才是大学之本，是大学存在的第一要义，是大学从诞生之日起应承担的根本任务。长期以来，我国存在重科研轻教学、重知识传播轻人格培养的现象。这一现象阻碍了大学的健康发展。大学教师搞科研的目的应该是提高教学质量，而不是单纯地进行科研；教学也不仅仅是传授知识，而是为了培养人才，为了造就德才兼备、全面发展的人。把培养人才作为大学的首要职能，要求在办学观念上从"学科为本"转变为"学生为本"，即实现"一切以学生成长作为出发点和落脚点"。学科是集教学、科研、队伍、基地等于一体的育人综合平台，学科建设要为育人服务。

2. 科学研究

大学是由若干学科、专业组成的，科学研究是大学之根，是大学存在的基础。大学应该是学术思想最活跃的殿堂，是人类知识的集大成之地。为了更好地进行科学研究，大学的师生都需要坚持科学精神。

3. 服务社会

服务社会是大学对社会开放并走向社会的结果，是为了满足和适应社会发展的需要。但现在越来越多的大学服务社会的目的是为了自身建设的需要，因此带有很强的功利性。笔者认为，大学的社会服务职能主要是强调"服务性"，而不是"功利性"。大学通过教学和科研，培养大量人才，创造新的知识，最后把成果回报给社会，这才是社会需要的，是大学服务社会的最终目的。对于大学自身来说，不能抱有功利的想法；单纯为了盈利才去服务社会，这样有损大学一直以来具有的高度声望和享有的尊敬地位。大学生命力的长久与兴盛在于它对文化的创新与传播，社会需要的就是这样的大学。

4．文化传承

2011 年 4 月 24 日，胡锦涛总书记在清华大学百年校庆讲话中首次明确提出：高等教育是优秀文化传承的重要载体和思想文化创新的重要源泉。全面提高高等教育质量，必须大力推进文化传承创新。此观点与"全面提高高等教育质量，必须大力提升人才培养水平，必须大力增强科学研究能力，必须大力服务经济社会发展"一起并列提出，因而引发了国内对大学的第四使命——文化传承创新——的关注。

当历史的车轮步入 21 世纪，在中国赋予大学第四功能"文化传承创新"的同时，是否同样会带来中国高等教育强国的崛起和世界科学中心、文化中心的转移？对中国而言，高等学校要适应新时期我国建设社会主义文化强国的新要求，就要履行好推进文化传承创新的责任和使命，传承和创新社会主义先进文化。

有学者认为，大学的文化传承创新使命可以从两个维度去理解：一个是建设好大学自身的文化，即大学文化；另一个是大学对社会文化的繁荣与发展作出的贡献。可以称之为大学的双重文化使命。

既然要承担起文化传承创新的重要使命，那么大学首先要建设好自身的文化，成为优秀文化的代表、创新文化的策源地。然而，由于种种原因，当前大学精神和文化却面临着十分严峻的挑战。大学文化本应引领社会文化，但现实是社会文化反而"绑架了"大学文化，大学文化日益庸俗化。大学的使命决定了大学应该具有追求真理、崇尚学术、善于独立思考与批判的精神气质，大学文化应该是高雅脱俗、引领社会向前发展的。

事实上，大学作为围绕高深知识进行活动的学术机构，一直通过教学、科学研究、社会服务等进行着文化的传承创新。但是，育人作为大学最基本的功能无疑是文化传承创新的重要途径。实践证明，大学的育人效果不仅仅取决于课程学习，很大程度上取决于大学文化的熏陶和浸染。调查显示，大学生成长的影响因素中，大学文化等潜在课程影响非常大，高出正式课程收获 24.3%。因此，发挥大学的文化传承创新功能，必须高度重视文化育人作用，不断提高文化自信和文化自觉，全面推进素质教育。

四、大学在当代的发展

进入 20 世纪，特别是在第二次世界大战结束后的几十年中，高等教育在世界范围内呈现出高速发展的特征。六七十年代是在经济发达国家，如美国、苏联、英国、法国、日本等，接着是一些后来居上的发达国家和发展中国家，如韩国、印度等。在短短 20 年中，高校中就学人数均以数倍的速度增长，高等教育的办学规模和效益大大提高，各种形式和类型的高等学校纷纷建立并得到发展。最近 30 年来，各个国家的大学已经历了高速发展或正处于高速发展时期，且出现了一些新的特征或趋势。在这些发展特征或趋势中，与我们直接相关的至少有如下几个方面：

其一，强化基础综合素质的培养。在古代教育史上，由于学科尚未显著分化而具有综合的性质，社会的教育理念以及实际培养出的高层次人才，都具有综合型的特征。从孔夫子到南宋时期的朱熹，从古希腊的亚里士多德到文艺复兴时期的达·芬奇，这些大学者不仅是精通某一特定领域的专家，还都是多才多艺、堪称百科全书式的人物。17 世纪之后，随着科学的迅速发展，传统学科不断分化并产生了许许多多的新学科，某一传统学科下的小分支逐步地发展成为一个大的学科群。这时候，人们不要说懂得所有的学问，即使是精通某一领域甚至是其中一个分支都已经十分困难，于是，培养"专才"的教育理念和实践应运而生。然而，当社会发展到 19 世纪末，特别是 20 世纪中期之后，科学技术的发展在高度分化的同时，又表现出高度综合的趋势，不仅某一学科领域内部知识交叉综合，更表现为不同学科间知识的交叉和综合，产生了大量的边缘、横断、交叉型学科，时代再一次把综合型人才的培养问题摆在了人们面前。为适应这一社会需要，最近几十年来，世界范围内的高等教育在改革过程中，开始普遍重视并采取许多措施强化大学生基础综合素质的培养。

其二，产、学、研一体化。高等学校一向被人们称作"象牙之塔"，大学生的典型形象则是不闻不问窗外事的读书人。如今的大学，在强调和保持学术自由的同时，都在密切关注经济和社会发展，积极探索与国家、政府、企业、研究机构联系与合作的有效方式。世界各国纷纷建立的新科技园区，就是教育、科研、生产一体化的产物，譬如围绕着斯坦福大学、加州大学和加州理工学院形成的硅谷科技中心，以哈佛大学和麻省理工学院为核心形成的波士顿科技中心，英国的剑桥、彼德伯格高技术走廊，法国的南法兰西岛科学园，德国的慕尼黑科技中心，以及苏联的北高加索高校科技中心，等等。这些一体化科技园区的出现，既使企业在发展高新技术上获得了高等学院的智力支持，又使学校获得了更多的科研课题、试验和实习基地以及办学经费，扩大了生存和发展空间，直接带动了自身教育教学的改革和发展。

其三，国际化的合作与交流。高等教育在国际间的合作与交流古已有之，最早出现在中世纪的大学无论是学生的来源还是其声誉就大都具有国际性。在当时，"每个大学的学生和职员集体是国际性的，……哪里大学繁盛，哪里就可以找到教学和学习。"（弗罗斯特：《西方教育的历史和哲学基础》，华夏出版社，1987 年）如当时著名的巴黎大学所颁发的学位在整个基督教世界都享有盛誉。不过，早期大学的国际化程度在规模、领域和层次等方面均无法与今天国际经济一体化、文化交流广泛背景下的大学相比拟。今天，全世界每年都有超过 100 万的学生到外国留学，同时各个大学都积极延聘外籍教师任教和讲学；各国的大学之间通过举办国际性学术会议、共同研究项目、联合办学等方式加强学术上的交流和合作。而各国政府对于高校国际间的合作交流也大多采取了积极支持的态度，不仅予以实际的资助，还纷纷制定了相关法规使其制度化。

第二节　高等职业教育

从国际上看，其他国家是很少有人使用这一名词的，即使有也与我们所理解的内涵不尽一致。例如俄罗斯将"职业教育"泛化地理解为除基础教育外的一切专业教育，这样他们的"高等职业教育"就将所有的高等教育均包括在内，而并非我们所指的与普通高等教育相对的那部分教育；更多的国家则狭义地将"职业教育"理解为专指培养技术工人类人才的特定教育类型，即培养那些不需太多理论知识而主要依靠动作技能和经验技艺在生产、服务第一线从事现场工作的直接操作者的那部分教育（包括培训），并不进入高等教育领域，所以也就不存在什么"高等职业教育"。笔者不久前赴德进修期间，就曾因德国没有"高等职业教育"这一概念而造成比较和交流上的麻烦；更有一个国内派出的"高等职业教育"考察培训团在德国转了整整一个月，直至他们取得培训证书准备回国之时，负责组织他们培训并颁发证书的那家德国机构的负责人才刚刚弄明白中国人所指的"高等职业教育"到底是什么。

从国内来看，发展高等职业教育现已成为当前我国整个教育界的一大热点问题。但是，到底什么是高等职业教育？它在整个教育体系中究竟应如何定位？它与普通高等教育的本质区别应如何理解？它的培养目标和发展途径以及招生对象、办学模式、课程计划、教学过程应如何确定？对凡此等等一系列问题的认识也都还很不一致。由此产生的争论对于我们发展高等职业教育的实际工作已产生了不利的影响，迫切需要采用一种能够得到较为普遍公认的标准，来为高等职业教育寻找一个准确的定位。本节从我国高等职业教育的历史发展、高等职业教育的培养目标分析、高等职业教育的教学目标等方面进行阐述。

一、我国高等职业教育的历史发展

（一）高等职业教育的孕育与发展（1980—1984）

为了适应党和国家工作重点转移后经济发达地区对技术应用型人才的迫切需要，经济发达地区最早提出了创办地方职业大学的构想，目的是有效缓解经济发达地区当时人才急缺的矛盾。基于这种要求，教育部于1980年批准成立了南京金陵职业大学、江汉大学、无锡职业大学等13所短期职业大学。这批职业大学的诞生，开创了我国高等职业教育发展的先例，标志着我国高等职业教育的开始，基本代表了我国高等职业教育发育的雏形。

随着我国改革开放的不断深入，经济发展速度加快，技术应用型人才匮乏的矛盾日趋突出。1982年，全国人大五届五次会议明确提出："要试办一批花钱少，见效快，可收学费，学生尽可能走读，毕业生择优录用的专科学校和短期职业大学"。根据这一精神，教育部在1983年批准成立了33所职业大学，1984年和1985年又批准建立了22所。职业大学规模的扩大，预示着我国高等职业教育发展的第一个高潮来临。

这一发展阶段的主要特征是从招生、分配制度改革入手，实行收费走读，不包分配。这为我国高等教育招生、分配制度改革做出了开创性的工作。

1980年，国务院批转《教育部、国家劳动总局关于中等教育结构改革的报告》中指出，要改革中等教育结构，发展职业教育，促进高中阶段的教育更加适应社会主义现代化建设的需要。

（二）高等职业教育的探索与发展（1985—1993）

1985年，《中共中央关于教育体制改革的决定》提出："要积极发展高等职业技术学院，优先对口招收中等职业技术学校毕业生以及有本专业实践经验、成绩合格的在职人员入学，逐步建立起一个从初级到高级、行业配套、结构合理又能与普通教育相互沟通的职业技术教育体系。"

1986年，李鹏同志在全国职业教育工作会议上指出，高等职业学校、一部分广播电视大学、高等专科学校，应该划入高等职业教育。从此，"高等职业教育"正式开始在官方文件中使用。

在这一阶段，我国的高等职业教育进行了有益的探索和大胆的实践，职业大学从1980

年的 14 所一度发展到 1985 年的 128 所；到 1989 年，高等专科学校招生数占高校招生总数的 50%，在校学生占 36%；3 所国家级重点中专升格为技术高等专科学校，即上海电机制造学校升格为上海电机高等技术专科学校，西安航空工业学校升格为西安航空高等技术专科学校，国家地震局地震学校升格为防灾高等技术专科学校。这 3 所学校招收初中毕业生，实行"四五套办"的办学模式，即四年制中专和五年制大专套办并存。

1991 年，经国家教委和总后勤部批准，以中国人民解放军的邢台军需工业学院为依托，成立了邢台高等职业技术学校，1997 年又更名为邢台职业技术学院。邢台职业技术学院实行初中毕业后五年一贯制的办学模式。

在这期间，党中央国务院十分重视高等职业教育的发展，出台了一系列政策和措施，推动了高等职业教育的改革。1991 年，国务院做出了关于大力发展职业技术教育的决定。1993 年，中共中央国务院颁布《中国教育改革和发展纲要》，明确提出到 20 世纪末我国职业教育的发展目标，强调"要积极发展高等职业教育"。

1985 年，中共中央颁布了《中共中央关于教育体制改革的决定》，指出："社会主义现代化建设不但需要高级技术科学专家，而且迫切需要千百万受过良好职业技术教育的中、初级人员、管理人员、技工和其他受过良好职业培训的城乡劳动者。没有这样一支劳动大军，先进的科学技术和先进设备就不能成为现实的社会生产力。但是，职业技术教育恰恰是我国整个教育事业最薄弱的环节。一定要采取切实有效的措施改变这种状况，力争使职业技术教育有一个大的发展。""逐步建立起一个从初级到高级、行业配套、结构合理又能与普通教育相互沟通的职业教育体系。"

1991 年，国务院做出《关于大力发展职业技术教育的决定》，根据 20 世纪 90 年代中国经济、社会发展的需要，明确了职业教育进一步发展的目标、任务。

1993 年，中共中央、国务院印发《中国教育改革和发展纲要》，指出："各级政府要高度重视，根据统筹规划、积极发展的方针，充分调动各部门、企事业单位和社会各界的积极性，形成全社会兴办多形式、多层次职业教育的局面。"

（三）高等职业教育地位的确立（1994—1998）

1994 年，国务院召开了全国教育工作会议。会议明确指出："通过改革现有职业大学、部分高等专科学校和独立设置的成人高校的办学模式，调整培养目标来发展高等职业教育；在仍不能满足时，经批准可利用少数具备条件的重点中等专业学校改制或者举办高等职业班等方式作为补充（三改一补）发展高等职业教育。"

1995 年，国家教委下发了《国家教委关于开展建设示范性职业大学工作的通知》，指出：开展示范性职业大学的建设工作是在专业改革的基础上建设一批示范性学校，从而逐步带动职业大学总体水平的提高，促进职业大学的健康发展。

1996 年，全国职业教育工作会议召开。李岚清同志在会上特别指出，现在已是研究、解决、发展高等职业教育的时候了。会议明确指出要积极发展高等职业教育。

1996 年 9 月 1 日实施的《中华人民共和国职业教育法》（以下简称《职业教育法》）则更清楚地规定："职业学校教育分为初等、中等、高等职业学校教育"。这是我国历史上第一次把高等职业学校教育以法律形式固定下来，在我国教育结构中第一次确立了高等职业教育和高等职业学校的法律地位。

1998 年，全国人大通过并颁布了《中华人民共和国高等教育法》，非常明确地把高等职业学校作为高等教育的一部分。

这一阶段，高等职业教育发展中的一系列重大问题得到了较为系统全面地回答。

1. 发展高等职业教育的目的

从经济社会发展对技术应用型人才的迫切要求，教育自身发展对职业教育高层次的迫切要求，广大高中生、职高生接受高等职业教育的普遍需要，分散就业压力的需求，维护社会稳定的需要等五个方面出发，阐述了发展高等职业教育的必要性和迫切性。

2. 高等职业教育的性质

高等职业教育的法律地位得到确认，即高等职业教育是属于高等层次的职业教育，是高等教育的一部分，是一种特殊类型的高等教育。

3. 高等职业教育的主要特征

培养目标：主要培养高中后接受 2～3 年教育的应用型、技能型人才，优先满足基层第一线和农村地区对高等职业人才的需要。

服务对象：面向基层、面向生产和服务第一线。

专业设置：必须根据社会需求及时调整专业，而不是依据学校有无专业方面的学科带头人才。

教学内容：成熟的技术和管理范围，突出职业能力培养，基础课按专业学习要求，以必需够用为度。

培养标准：在校期间完成上岗实践训练，一毕业就能上岗，无适应期。

办学模式：产学研结合，实行"双证书"制度。

4. 发展高等职业教育的基本原则

坚持"统筹规划、合理布局、面向基层、办出特色、积极试点、初步规范"的原则，积极发展高等职业教育。

5. 发展高等职业教育的主要途径

发展高等职业教育要与高等教育结构调整相结合，充分利用现有的职业大学、高等专科学校、独立设置的成人高校，通过改革、改组、改制，办出高等职业教育特色。在不能满足需要时，可利用少数具备条件的国家重点中等专业学校举办高等职业班或改制作为补充，即"三改一补"。这一政策在 1999 年以后有了重大突破。

6. 发展高等职业教育的政策措施

今后国家每年新增的高校招生计划，主要用于发展高等职业教育。从 1997 年起，在普通学校招生计划中将高等职业学校和高等专科学校的招生合并统计，在成人高校招生计划中将高等职业教育招生计划单列；部分省市举办的高等职业教育机构对口招收中等职校应届毕业生；制定高等职业学校设置标准及高等职业教育发展规划。

1996 年，中国第一部职业教育法正式颁布和实施，为职业教育的发展和完善提供了法律保障。

（四）高等职业教育的大力发展（1999 年至今）

1999 年 6 月，第三次全国教育工作会议召开，中共中央国务院颁布了《关于深化教育改革、全面推进素质教育的决定》，强调要大力发展高等职业教育。这充分表明高等职业教育已成为我国高等教育的重要组成部分，对我国经济建设和社会发展做出了重大贡献。1999 年 11 月，第一次全国高职高专教学工作会议召开，时任教育部长的陈至立到会并做了重要讲话。2000 年，《教育部关于加强高职高专教育人才培养工作的意见》印发实施，为高等职业教育规范、健康发展奠定了重要基础。2002 年召开的全国职业教育工作会议，再一次把发展高等职业教育列入重要的议事日程，对 21 世纪高等职业教育的改革与发展起到了重要的推动作用。

1998 年，本专科招生 108 万人，其中高等职业院校招生 43 万人，占 39.73%；高等职业院校在校生占本专科生总数的 34.44%。2003 年，本专科招生 382 万人，其中高等职业院校招生 200 万人，占 52.24%；高等职业院校在校生占本专科生总数的 43.24%。这 5 年高等职业教育发展的百分比要比本专科多十几个百分点。1998—2003 年，普通本科招生数年平均增长速度为 28.74%，在校生年平均增长速度为 26.59%。1998—2003 年普通本科招生数年平均增长速度为 22.28%。1998—2003 年，高等职业教育招生数年平均增长速度为 35.99%，在校生平均增长速度为 32.47%。相对于普通本科招生数年平均增长速度，高等职业教育已经占了半壁江山。

2004 年，本专科招生 447.34 万人，其中高等职业院校招生 237.43 万人，占 53%；高等职业院校在校生占本专科生总数的 45%。2006 年，本专科招生 546.05 万人，其中高等职业院校招生 293 万人，占 54%；高等职业院校在校生占本专科生总数的 46%。

二、高等职业教育的培养目标分析

（一）我国高等职业教育的培养目标概述

培养目标是由特定社会领域（如教育工作领域、化学工业生产领域、医疗卫生工作领域等）的需要所决定的；也因受教育对象所处的学校级别（如初等、中等、高等学校）而变化。

高等职业教育是独立的教育类型，在教学和实践中形成了各自的特色。不同的学校、同一学校不同的专业（工种），其培养目标也各异。

纵观我国各个历史时期对高等职业教育培养目标的阐述，培养目标的内涵在不断丰富、日益明确。基于对高等职业教育的教育类型和人才结构的分析，我们可以把我国高等职业教育的培养目标归结为以下几点：

（1）人才类型是高层次的应用型、技术性人才。

（2）人才层次是高等技术应用型专门人才。

（3）工作场合是基层部门、生产管理一线。

（4）工作内涵是将成熟的技术和管理规范转变为现实的生产和服务，解决在转变中的各种实际问题。

每一个时期制定的培养目标都为高等职业的进一步发展奠定了坚实的基础，21世纪给我们带来了前所未有的历史新机遇，高等职业教育更应把握历史机遇，调整目标，与时俱进，主动接受新的挑战。

（二）高等职业教育院校培养的职业技术岗位分析

高等职业教育是独立的教育类型，具有多个特征，其中培养目标具有决定性意义，在一定意义上决定其他特征，其他特征都为培养目标的实现而存在。高等职业教育的培养目标由于专业的不同、受教育者的基础水平不一、培养人才的质量规格要求不同而呈现多样化的形态，但就其培养的人才类型而言，高等职业教育以培养技术型人才和高技能人才为目标。

有关专家曾依据生产或工作活动的过程和目的，将人才分为学术性人才、工程型人才、技术型人才和技能型人才四类。学术型人才主要从事研究和发现客观规律并将其成果表现为科学原理；工程型人才主要从事为社会谋取直接利益有关的设计、规划、决策等相关工作；技术型人才主要从事技术应用与运作，他们和技能型人才的任务都是实施已完成的设计、规划和决策并转化成产品。技术型人才和技能型人才的区别在于：前者主要应用智力技能来进行工作，而后者主要依赖操作技能来完成任务；技术型人才以理论技术和智力技术为主，技能型人才则以智力技术和动作技能为主。今后，技能型人才需要掌握的理论技术和智力技能比重必然增加，然而技术型人才对理论技术和智力技能的要求也在不断变化和提高。当前，我国认定的高技能型人才中，存在两种情况：一种是他们的劳动组成中的智力成分已占相当大的比重，而动作技能的要求已相对减少，如检测、计量、调度以及一些高技术设备的操作岗位人员；另一种情况是虽对相关专业理论知识有一定要求，但其劳动组成中的主体仍然是动作技能。

当前，由高等职业教育院校培养的技术型人才和高等技能型人才分布的职业技术岗位主要有以下几种：

1. 技术操作类岗位

这类岗位是随着高新技术的发展而产生的，是一线操作岗位，但岗位技术含量较高、复杂程度较大，如高科技装备维修人员、数控机床编程与操作人员、网络设备的操作与维修人员等。

2. 技术管理类岗位

这类岗位的主要任务是从事技术管理。该岗位的人员多数是从技术人员群体中成长起来的基层领导，如车间主任、项目经理和质量总监、作业长等。

3. 经营业务类岗位

这类岗位主要分布在第三产业，主要在银行、税务等系统，如主管会计、市场策划、外汇交易和证券分析等。

4. 服务类岗位

这类岗位的主要任务是运用宽厚的专业知识，为特定人群提供专门的服务。例如护理师，不仅要有传统的生理护理知识，而且要有护理环境、护理交往和护理心理知识；再如导游师（员），不仅要掌握旅游行业的专门知识（如外语、旅游心理学等），而且要掌握考古、建筑、历史、地理、宗教等多学科的知识。

（三）高等职业教育培养目标的特征

高等职业教育的培养目标既是社会需求的归结，又是制订教学计划的开端，更是高等职业驾驭人才培养的共同基本要求。培养目标定位是否科学，直接影响到高等职业教育人才培养的质量，所以准确科学地分析和研究高等职业教育培养目的的内涵，把握其基本特征非常必要。

1. 人才培养目标的高等性

高等职业教育与普通高等教育的人才都具有"高等性"，其差别只是所属类型不同；高等职业教育与中等职业教育培养的人才都是技能型人才，其差别是所属的层次不同。高等职业教育培养的人才是面向生产、建设、管理和服务第一线的高技能型人才，属于理论和实践结合型人才。所以与普通高等教育相比，高等职业教育并非是普通高等教育的"压缩式"教育，更不是低层次、低水平的教育。20世纪90年代以来，科技突飞猛进，高新技术产业、生产、建设、管理、服务等基层岗位的科技含量越来越高，由此对劳动者的要求也越来越高，社会需要大批综合素质更高的职业类人才。这类人才与中职毕业生相比，除了掌握相应的新技术与新工艺，具有较强的实践动手能力之外，也需要较深厚的基础理论知识。

2. 人才培养目标的基层性

由于高等职业教育培养的学生是为生产第一线服务的，因此高等职业人才毕业去向具有很强的基层性。例如，工科类高等职业的毕业生主要到生产第一线从事施工、制造、运行、检测与维护等工作；艺术类高等职业的毕业生主要到文化部门从事艺术工作；经济类高等职业的毕业生主要去财经部门或企业部门从事财经管理工作等。高等职业毕业生去向的基层性是高等职业教育的生命力之所在。

3. 人才培养目标的技术性

一般来说，"技术"是对科学原理与规律的应用。技术又分为技术创新和技术应用。普通高等教育的培养目标是技术创新型人才；而高等职业教育的培养目标是技术应用型人才。技术应用型人才不但具有某一方面的单项能力，而且具有某一领域、某一岗位群所需的技术综合能力。因此，高等职业教育的培养目标必须把技术性作为核心要素，培养学生从事某一职业岗位群所需的技术应用能力，教给学生某一技术所需的理论基础知识，提高学生适应未来发展变化的技术转变能力，使学生在本专业领域的相应技术岗位上，具有较强的社会适应性，能"零距离"上岗，较好地履行技术职能。

4. 人才培养目标的复合性

高等职业教育的培养目标是面向生产和服务第一线的高级技术应用型人才，它不同于普通高等教育培养的理论型、学科型人才，也不同于中等职业教育培养的单纯技能型人才。高等职业毕业生不但懂得某一专业的基础理论与基本知识，更重要的是他们具有某一岗位群所需要的生产操作和组织能力，善于将技术意图或工程图纸转化为实物，并能在生产现场进行技术指导和组织管理，解决生产中的实际问题。他们还应善于处理、交流和使用信息，指导设备、工艺和产品的改进，是一种专业理论够用、生产技术操作熟练和组织能力强的复合型人才。

5. 人才培养目标的职业性

职业性是高等职业教育的本质属性，是高等职业教育适合社会需要的主要特色。高等职业教育是一种职业教育，它对学生进行某种职业生产和管理教育，以提高高等职业技术水平为目的。它以职业岗位群的需要为依据开发教学计划，在对职业岗位群进行职业能力分析的基础上确定培养目标和人才规格，明确列出高等职业毕业生应具备的职业道德、职业知识和职业能力，进而组织教学。

6. 人才培养目标的可持续性

现代社会正从工业社会向知识经济社会转型，对人的素质要求在不断变化，不仅要求提高高等职业技能，更重要的是要有应变、适应和发展的能力，所以职业教育目标不能单纯地针对职业岗位，而要扩展到着眼于劳动者整个职业生涯。1989 年，联合国教科文组织召开了"面向 21 世纪的教育"国际研讨会，会议提出，每个 20 年世界上的职业就更新换代一次。面对这种形式，有些学者指出："随着科学技术的迅速发展，职业岗位及内涵的变动非常频繁，高等职业教育的毕业生不能只适合在一定会下载的职业领域里工作，他们应该有较强的就业弹性，应该有可持续学习的基础。"1999 年，联合国教科文组织召开了第二届国际技术与职业教育大会，会议"主题工作文件"指出："对人的素质要求在变化，不仅是知识，技能的提高，更重要的是能应变、生存、发展。""21 世纪竞争的核心是造就一支有生产活力、灵活的劳动大军。"的确，社会经济的迅速发展会导致职业的不断变化。可以说，人们今天比过去改变职业更加频繁。如果在学校接受的职业教育仅仅为一种职业做准备，势必影响学生的可持续发展，对学生将来在有可能的情况下进行职业变化非常不利。因此，高等职业教育不应只注重学生的某项职业技能的培养，而应突破专业技术的限制，关注到行业或职业的各个方面，估计到学生今后的职业生涯，加强对学生综合素质的培养，为学生面向未来的工作与生活打下扎实的基础。

（四）高等职业培养目标的制订原则

1. 适应市场经济的需要

市场经济条件下的高等职业，其定位目标最明显的特征无疑就是以市场为中心。高等职业机构必须彻底打破计划经济时代办学的封闭和半封闭状态，把自己推向市场，建立学校与市场联系的广泛渠道，成为整个开发市场的一部分。也就是说，高等职业教育机构以满足市场需求作为办学的宗旨，把接受市场检验作为办学的标准，在快速变化的市场中把握培养目标的要素，保证自己的培养目标是合乎市场需求的，从而实现投资效益最大化。高等职业学校是市场经济这架精密机器中不可缺少的重要部件，只有不断适应市场经济对高等职业教育所培养人才的需求，才能在激烈的市场竞争中脱颖而出、立于不败之地。

2. 重视学生自身的发展

教育的重要责任就是对学生的发展负责，以学生为本的思想更是现代教育所强调的重要概念。现代职业教育培养目标的设定，也必须体现这一点，要从理论和实践上都切实落实学生的主体地位。学生才是职业教育机构的直接服务对象，学校与学生的根本利益在本质上是一致的。现代职业教育设定的培养目标不是短期功利的就业包装，它不应该束缚学生个性潜能的发展，而应该从学生的终生发展着眼，给学生表现真实自我的机会、发现潜在能力的机会和条件，这样的培养目标必须首先符合的是"本"的要求。高等职业教育属于非义务教育，生源竞争处于劣势。高等职业学校只有充分重视受教育者对自身能力提高的要求，制定适当的培养目标，采用先进的教学方法，想人所未想，行人所未行，才能吸引到优质生源、培养出优秀人才、创出名声、发展壮大。

3. 突出学生的技能培养

现代职业教育强调的是能力本位，这就要求其培养目标的定位在操作和最后的呈现上也应该以能力模块的方式运作。职业教育培养目标的构成要素应该尽量以能力模块的形式表述。职业学校不仅要帮助学生学好知识，更重要的是提高能力，不仅使学生适应目前的岗位竞争，更要适应未来职业竞争和广泛意义上的生存竞争。职业教育首先是职业导向性的教育，传授职业知识和技能、培养职业道德、提高高等职业能力，是它的特殊任务。因此，职业教育培养目标的设定理所当然地要在学习能力培养上下工夫，通过教育培训使一般劳动力成为具有较高高等职业能力的高级劳动力。

三、 高等职业教育的教学目标

教学目标是教育者在教育教学过程中，在完成某一阶段（如一节课、一个单元或一个学期）工作时，希望受教育者达到的要求或产生的变化结果。

教学目标一般针对某学科或某门课程而言，即通过某学科的教学活动，学生在身心方面应起的变化。这些变化既可是内在心理的变化，如记忆、知觉、理解、创造等方面的心理变化，也可以是外显的行为变化，即会做什么。教学目标虽然是对学生学习结果的一种预期，但比教育目的、培养目标要具体很多，具有一定的可操作性，即可用某种指标来衡量，以便及时指导教学。教学目标具有指向作用、调控作用、评价作用和激励作用。

高等职业院校的教学目标上承教学目的，下启教学内容，而且对教学方法、教学组织形式以及个体需要有一定的制约作用。高等职业教育的教学目标体现如下原则：

（一）遵循个体的发展规律

教学目的要反映人的身心发展特征和全面发展的教育规律，使教学目标和学生的个体需要全面发展。

（二）为学生的就业和可持续发展服务

教学目的要反映新知识、新技术的发展特征，使学生掌握有用的理论基础知识和运用这些知识解决实际问题的技能、技巧，为学生今后的就业和可持续发展打下扎实的基础，同时还要加强职业道德和做人教育，树立正确的职业观。

（三）突出学生职业能力培养

职业能力是一种实践能力，是职业活动的核心。作为一个受过高等职业教育的人，应该具备适应岗位工作的能力，也就是与职业相关的知识、工作态度、实践经验和动手能力。

教学是一种不断给学生提供和补充"能量"的活动，高等职业教育中的教学目标一方面要关注个体需要，另一方面要开发学生潜在的职业能力，其中智力和体力是发展职业能力的两大支柱。

教育目的是各级各类学校必须遵守的总要求，是国家通过宪法规定的，但它不能代替各级各类学校的具体培养目标。各学校的具体培养目标是对总的教育目的的具体化，而教学目标又是培养目标的具体化，是实现教育目的和培养目标的具体环节。

四、高等职业教育的培养条件特征

为了保证技术型人才这一特定培养目标的实现，必须要有相应的培养条件做保障。高等职业教育的办学条件，除各类教育都必须的物质与非物质条件以及社会参与这一特殊条件外，在师资和设备这两方面具有明显特点。

（一）师资队伍

由于高等职业教育主要是培养技术型人才，所以其教师除应具备各类教育的教师都要具有的素质外，还应具备技术型人才的各种素质，即使是基础课的教师也需要对技术型人才的培养目标及与本课的关系有明确的认识。所以，与普通高等学校教师相比较，高等职业学校教师的智能储备要更为全面，应有较高的专业技术应用的实践能力，相关知识面广，"常识"丰富，同时还应具有较强的社会活动能力，善于同社会的有关单位及人员交际和合作。

对高等职业学校教师的要求高而广，但在实际中很难要求全体教师都具备所有要求，因此，队伍构成必然多样化。

首先，需要较多地聘用兼职教师。聘用兼职教师的好处：一是有利于解决急需；二是有利于保证较高的专业水平，特别是专业的变换和提高办学效益。

其次，某些对动作技能有特殊要求的课程，在任课教师所掌握的一般技能难以满足要求的情况下，可聘任一定数量的实习指导教师。

再次，必须有一批精干的专任老师，深知高等职业教育的目标、特征，熟悉本专业的理论与实践。他们是高等职业学校发展中具有决定性作用的中坚力量。

最后，必须有保证专职教师定期到相关企业中更新知识与能力的制度。这不但对专业课教师是必要的，对基础课教师也是必要的。

（二）实训设备

高等职业教育的设备特征集中表现在实习和实训设备方面，主要有如下特点：

1．现场特点

学生的实习场所要尽可能与社会上实际的生产或服务场所一致，由于校内往往不容易完全具备这样的条件，所以必须充分重视校外实习基地的建设。

2．技术应用特点

为了适应技术型人才主要从事技术应用和运作的要求，高等职业教育的实习、试验应有利于培养学生的技术应用能力和分析、解决实际问题的能力，其重点不是为了理论验证。

3．综合特点

技术型人才的工作环境往往是多因素综合的，只有在错综复杂的场合才能锻炼学生多方位的思考能力，学会处理各种复杂问题。单一的实习条件难以培养出合格的技术型人才。

4．可供反复训练的特点

因为许多能力的掌握都不是一次完成的，需要反复练习。正因为如此，仿真模拟设备对于培养技术型人才具有特别明显的作用。尤其如电力生产与输送、化工工艺流程等，难以现场观察，又必须反复进行现场工作训练，特别是故障排除训练。如果有了仿真模拟设备，虽然不能完全代替现场实习，却能比较接近于教学目标的实现。因此，高等职业教育的设备需要适合培养技术型人才，需要有一定的专业设备。

五、几个相关概念的区分

（一）"高等职业教育"与"高中后职业教育"

所谓"高中后职业教育"，是指在高中教育基础上所进行的职业教育，其外延远远大于"高等职业教育"。它的培养目标可以是技术人员、技术工人，也可以是其他各类管理、服务或辅助人员；学制可以视岗位需要从几周、几个月到几年不等；学习结束后可授予学历证明，也可只发职业资格证书、技术等级证明、上岗证明、课程证明或不发任何证明。由于高中后职业教育的外延较大，我们可以将无法归入高等职业教育范畴的一系列高层次的职业教育或培训（如属于 ISCED4B 的课程）归入高中后职业教育范畴。

（二）"高等职业教育"与"高级职业培训"

要区分这两个概念，首先要区分"职业教育"与"职业培训"。从广义上来讲，职业教育可以包括职业培训；但就狭义而言，二者应是并列的。笔者认为，当我们在宏观层面探讨诸如人力资源开发类的问题时，应使用广义；在中观层次上探讨职业教育与基础教育等其他各类教育的关系时，也可以使用广义；而在中观或微观层次上探讨学制问题，或者在将各种教育进行分类以严格地界定其概念时，必须使用狭义。因此，本书只能取其狭义概念，后者不应归入前者的范畴。当然，如果把高等职业教育的范围明确扩大到包括非学历教学在内的话，高级职业培训则可成为其中的重要组成部分。

（三）"高等职业教育"与"高等专业教育"

人们普遍认为，普通高等学校所实施的都是"高等专业教育"，这与"高等职业教育"仅一字之差，二者区别究竟何在呢？就一般意义而言，专业泛指专门人才所从事的特定业务，这样也可以理解为专业就是指社会某一大类的职业。但在教育领域内，专业是有其特定含义的，普通高校所设置的"专业"实际上是指某一学科门类或其某一分支，依此实施的专业教育就是按学科类别对学生进行以某门学科为基础的知识和技能训练。这样看来，职业和专业本来就是两个不同属性的分类概念：职业是一种社会分类的概念，专业则是一种学科分类的概念，二者的分类标准不同，在使用中必然会有交叉与重叠。因此我们认为目前在普通高校中实施的那一块"高等职业教育"可以看作"高等专业教育"中的一部分，是专指那些与"职业"重合的"专业"的教育，但它恐怕还远远不能涵盖整个"高等职业教育"。因此，普通高等院校根据社会需要积极设置高等职业教育类专业，应是我国高等职业教育发展的基本途径之一；而那些一心追求"正规化"而丢掉了自身职教特色的职业大学，则应尽快改变这种"有名无实"的现象，真正在高等职业教育的发展中起到积极作用。

（四）"高等职业教育"与"高等职业技术教育"

改革开放以后，"职业技术教育"在我国一直作为一个综合性名词使用，它总体上包括培训技术员类人才的技术教育、培训技术工人类人才的职业教育以及其他各类职业培训。但随着 1996 年《职业教育法》的公布和实施，国务院及有关行政部门的正式文件中已用"职业教育"取代了"职业技术教育"。这样，用"高等职业教育"取代"高等职业技术教育"也就顺理成章了。当然，必须明确这一广义的"职业教育"概念是我国所特有的，并非国外专指培养技术工人系列人才的狭义"职业教育"。如果取狭义概念，那么具有这种特性的"高等职业教育"事实上就不存在。因此如前所述，"高等职业教育"是指培养高级技术人员类人才（中间人才系列中的高层次）的高等"技术教育"，而培养高级技术工人类人才的"职业教育（高级技术培训）不属于这一范畴。因此，问题的关键并不在于名称的变化，而在于对其内涵一定要有明确的统一认识；否则，必然会因理解的不一致而带来管理的混乱，不利于建立完善的职业教育体系，更不利于改善人才结构中的薄弱环节。

六、高等职业教育人才规格的构成要素

高等职业教育人才规格体现在德、智、体三方面，它有以下六个构成要素。

（一）思想政治素质要素

良好的思想政治素质是事业成功的基石。政治思想素质要素体现了培养目标的政治标准和思想素质，要培养高等职业学生热爱社会主义祖国和社会主义事业，拥护党的基本路线，具有马列主义、毛泽东思想、邓小平理论、"三个代表"重要思想和科学发展观的基础知识；有较强的社会责任感、明确的职业理想和良好的职业道德，勇于自谋职业或自主创业；具有面向基层、服务基层、扎根于群众的思想观念，理论结合实际、实事求是、言行一致的思想作风，吃苦耐劳、踏实肯干、善于合作、任劳任怨的工作态度，不断追求知识、独立思考、勇于创新的思想品德和遵纪守法、诚实守信的道德行为。

（二）知识素质要素

知识素质要素包括：① 基础性知识。文化基础知识主要指语文、高等数学、外语等，文化基础知识和现代科技知识是高等职业人才必备的基本知识；专业基础知识是学习本专业所必须具备的基本知识，是专业学习的基础。对于高等职业人才来讲，掌握文化基础知识和钻研基础理论，不仅是高等职业学生胜任当前技术密集型岗位的需要，也是知识再生和迁移，进一步接受继续教育、学习与提高以适应将来转职转岗、拓展后续发展空间的重要基础。随着科学技术的进步和发展，不同领域的科技知识交叉、渗透和组合，使社会上出现了许多跨学科的职业岗位，这就要求高等职业人才还必须具备与专业相关的多学科基本理论知识，才能丰富"接口"能力。② 专业性知识，即某一职业技术领域中的专业理论知识，如专业基本原理、基本方法、基本途径、基本措施以及新技术、新成果等。掌握这些知识对提高高等职业生将来进一步获取新知识与新技术的自学能力、独立分析问题与解决问题的能力以及创新生产技术的能力有着重要的作用。③ 现代科技知识，主要指适应市场经济和 WTO 所需的商贸知识、法律法规知识、现代企业管理知识等。掌握这些知识是适应国际化市场环境、提高企业生产经营经济效益的基本保证。

（三）综合能力素质要素

综合能力素质要素是人才规格的核心，是学校为社会培养优秀人才的具体体现。能力要素包括本专业技术能力、工作能力、社会能力和创新能力。高等职业人才不仅要熟练掌握本

专业技术能力，在任职岗位上表现出较强的工作能力，而且要具备一定的社会能力。在急剧变革的 21 世纪，工作环境、人际环境、思想环境的动态变迁和国际化、开放化的社会环境的形成，对高等职业人才的适应能力、合作能力、公关能力和交往能力等提出了新的要求。此外，在知识爆炸、科学技术日新月异的今天，创新能力对高等职业人才显得尤为重要，正如江泽民总书记多次强调的："创新是一个民族进步的灵魂，是国家兴旺发达的不竭动力。"

（四）健康的身心素质要素

身心素质要素包括健康的体魄和良好的心理，它体现了培养目标的物质基础和心理素质，是事业持续成功的保障。只有具有良好的身体体能，才能胜任本专业岗位的工作；只有较好的心理素质，才能在工作中寻求协作，在竞争中遭遇挫折时具有足够的心理承受能力；才能在艰苦的工作环境中不怕困难、奋力进取、不断激发创造热情。应培养学生使其具有健康的体魄和乐观、自信、顽强的个性心理素质，从而能够正视和适应复杂多变的生活和工作环境。

（五）劳动素质要素

劳动素质是人才规格的基本素质，它包括劳动观念、劳动知识和劳动实践，对高等职业学生加强劳动素质教育具有极为重要的意义。通过劳动知识，掌握劳动本领，做好将来从事艰苦工作的思想准备。

（六）发展能力素质要素

发展能力素质要素主要指应用写作能力、口头表达能力、社会活动能力、组织管理能力等。高等职业学生作为高级应用型人才，不仅要会做，还应当能写、善道，并具有一定的交际能力、组织能力、管理能力。培养高等职业学生具有良好的发展能力对其将来能更好地胜任职业岗位、拓展个人发展空间将有重要的作用。

认识园林工程技术科学

一、 园林与园林学的相关概念

(一) 园林的概念

在一定的地域运用工程技术和艺术手段，通过改造地形（或进一步筑山、叠石、理水）、种植树木花草、营造建筑和布置园路等途径创作而成的美的自然环境和游憩境域，就称为园林。园林包括庭园、宅园、小游园、花园、公园、植物园、动物园等，随着园林学科的发展，还包括森林公园、风景名胜区、自然保护区或国家公园的游览区以及休养胜地。

(二) 园林学的概念

园林学是研究如何合理运用自然因素、社会因素来创建优美的、生态平衡的生活境域的学科，主要包括园林历史、园林艺术、园林植物、园林工程、园林建筑等分支学科。园林设计是根据园林的功能要求、景观要求和经济条件，运用上述分支学科的研究成果，来创造各种园林艺术形象的过程。

二、 园林的发展简史

园林是人类社会发展到一定阶段的产物。世界园林三大系统发源地——中国、西亚和希腊，都有灿烂的古代文化。从散见于古代中国和西方史籍记述园林的文字中，可以大致了解当时园林建设的工程技术、艺术形象和创作思想。研究园林技术和园林艺术专著的出现，以及园林学作为一门学科的出现，则是近代的事情。

由于文化传统的差异，东西方园林学发展的进程也不相同。东方园林以中国园林为例，从崇尚自然的思想出发，发展出山水园林；西方古典园林以意大利台地园林和法国园林为例，把园林看作建筑的附属和延伸，强调轴线、对称，发展出具有几何图案美的园林。到了近代，随着东西方文化交流的增多，园林风格则互相融合渗透。

（一）中国园林简史

中国园林最早见于史籍的是公元前 11 世纪西周的灵囿。囿是以利用天然山水林木、挖池筑台而成的一种游憩生活境域，供天子、诸侯狩猎游乐。

从《史记》《汉书》《三辅黄图》《西京杂记》等史籍中可以看到，秦汉时期园林的形式在囿的基础上发展成为在广大地域布置宫室组群的"建筑宫苑"。它的特点一是面积大，周围数百里，保留囿的狩猎游乐的内容；二是有了散布在广大自然环境中的建筑组群。苑中有宫，宫中有苑，离宫别馆相望，周阁复道相连。

魏晋南北朝时期，社会动乱，同时在哲学思想上儒、道、佛诸家争鸣，士大夫为逃避世事而寄情山水，影响到园林创作。两晋时，诗歌、游记、散文对田园山水的细致刻画，对造园的手法、理论有重大影响。如陶渊明的《桃花源记》所描述的"林尽水源，便得一山，山有小口……初极狭，才通人，复行数十步，豁然开朗"的情景，对园林布局颇有启示。谢灵运的《山居赋》，是他经营山居别业的感受，对园林相она卜居的原则，因水、岩、景而设置建筑物和借景的手法，以及选线、开辟路径、经营山川等都作了阐述。

从文献中可以看到，这时期大量涌现的私园已从利用自然环境发展到模仿自然环境的阶段，筑山造洞和栽培植物的技术有了较大的发展，造园的主导思想侧重于追求自然景致，如北魏张伦在宅园中"造景阳山，有若自然"，产生了"自然山水园"。

唐末时期，园林创作同绘画、文学一样，起了重大变化。从南朝兴起的山水画，到盛唐已臻于成熟，以尺幅表现千里江山；歌咏田园山水的诗，更着重表现诗人对自然美的内心感受和个人情绪的抒发；在文学理论方面，盛唐诗人王昌龄首先提出了诗的"意境"之说。园林创作，也从单纯模仿自然环境发展到在较小的境域内体现山水的主要特点，追求诗情画意，产生了"写意山水园"。唐末时期的一些文学作品中也提出了造园理论和园林布局的手法。唐代王维的《辋川集》用诗句道出怎样欣赏山水、植物之美；怎样在可歇、可观、可成景处选地构筑亭馆；怎样利用自然胜景组成优美的园林别业。柳宗元有不少的"记"也讲到园林的营建，谈到即使是废弃地，只要匠心独运加以改造，也能成园。

宋朝开始有评述名园的专文，如北宋李格非的《洛阳名园记》、南宋周密的《吴兴园林记》。以后有明代的《娄东园林志》、王世贞的《游金陵诸园记》等。这些文人欣赏园林所写的评述，对明清文人山水园的造园艺术原则和欣赏趣味颇有影响。

田园山水诗、游记和散文、山水画和画论以及一般艺术和美学理论，对于自然山水园发展为唐末写意山水园和明清文人山水园都有重大影响。这种影响主要是在认识自然、表现自然以及园林布局、构图、意境等方面提供借鉴。但园林学的理论体系，只有通过造园的实践和经验的积累，并经过造园家的提炼和升华才能产生。

明代已有专业的园林匠师，他们运用前代造园经验并加以发展。明代造园家计成的《园冶》是关于中国传统园林知识的专著，是实践的总结，也是理论的概括。书中主旨是要"相地合宜，构园得体"，要"巧于因借，精在体宜"，要做到"虽由人作，宛自天开"。明末清初李渔《闲情偶寄·居室部》山石一章，对庭园叠石掇山有独到的见解。计成和李渔都既有丰富的造园实践经验，又有高度的诗、画艺术素养，他们提出的一些造园原则，至今仍很有启发意义。

1868 年，外国人在上海租界建成外滩公园以后，西方园林学的概念进入中国，对中国传统的园林观有很大的冲击。1911 年辛亥革命前后，中国城市中自建公园渐多。从 20 世纪 20 年代起，中国一些农学院的园艺系、森林系或工学院的建筑系开设了庭园学或造园学课程，中国开始有现代园林学教育，并同传统的师徒传授的教育方式并行。

新中国成立后，园林学研究范围从传统园林学扩大到城市绿化领域；由于旅游业的迅速发展，又扩大到风景名胜区的保护、利用、开发和规划设计领域。

（二）西方园林

世界上最早的园林可以追溯到公元前 16 世纪的埃及，从古代墓画中可以看到祭司大臣的宅园采取方直的规划、规则的水槽和整齐的栽植。西亚的亚述确猎苑，后演变成游乐的林园。巴比伦、波斯气候干旱，重视水的利用。波斯庭园的布局多以位于十字形道路交叉点上的水池为中心，这一手法为阿拉伯人继承下来，成为伊斯兰园林的传统，流布于北非、西班牙、印度，传入意大利后，演变成各种水法，成为欧洲园林的重要内容。

古希腊通过波斯学到西亚的造园艺术，发展成为住宅内布局规则方正的柱廊园。古罗马继承希腊庭园艺术和亚述林园的布局特点，发展成为山庄园林。

欧洲中世纪时期，封建领主的城堡和教会的修道院中建有庭园。修道院中的园地同建筑功能相结合，如在教士住宅的柱廊环绕的方庭中种植花卉，在医院前辟设药圃，在食堂厨房前辟设菜圃，此外还有果园、鱼池和游憩的园地等。在今天，英国等欧洲国家的一些校园中还保存这种传统。13 世纪末，罗马出版了克里申吉著的《田园考》，书中有关于王侯贵族庭园和花木布置的描写。

在文艺复兴时期，意大利在佛罗伦萨、罗马、威尼斯等地建造了许多别墅园林。以别墅为主体，利用意大利的丘陵地形，开辟成整齐的台地，逐层配置灌木，并把它修剪成图案形的植坛，顺山势运用各种水法，如流泉、瀑布、喷泉等，外围是树木茂密的林园。这种园林通称为意大利台地园。台地园在地形整理、植物修剪艺术和水法技术方面都有很高成就。

法国继承和发展了意大利的造园艺术。1638 年，法国布阿依索写成西方最早的园林专著《论造园艺术》。他认为："如果不加以条理化和安排整齐，那么人们所能找到的最完美的东西都是有缺陷的"。17 世纪下半叶，法国造园家勒诺特尔提出要"强迫自然接受匀称的法则"。他主持设计凡尔赛宫苑，根据法国这一地区地势平坦的特点，开辟大片草坪、花坛、河渠，创造了宏伟华丽的园林风格，被称为勒诺特尔风格，各国竞相仿效。

18 世纪，欧洲文学艺术领域中兴起浪漫主义运动。在这种思潮影响下，英国开始欣赏纯自然之美，重新恢复传统的草地、树丛，于是产生了自然风景园。英国申斯诵的《造园艺术断想》，首次使用风景造园学一词，倡导营建自然风景园。初期的自然风景园创作者中较著名的有布里奇曼、肯特、布朗等，但当时对自然美的特点还缺乏完整的认识。

18 世纪中叶，钱伯斯从中国回英国后撰文介绍中国园林，他主张引入中国的建筑小品。他的著作在欧洲，尤其在法国颇有影响。18 世纪末，英国造园家雷普顿认为自然风景园不应任其自然，而要加工，以充分显示自然的美而隐藏它的缺陷。他并不完全排斥规则布局形式，在建筑与庭园相接地带也使用行列栽植的树木，并利用当时从美洲、东亚等地引进的花卉丰富园林色彩，把英国自然风景园推进了一步。

从 17 世纪开始，英国把贵族的私园开放为公园。18 世纪以后，欧洲其他国家也纷纷仿效。自此，西方园林学开始了对公园的研究。

19 世纪下半叶，美国风景建筑师奥姆斯特德于 1858 年主持建设纽约中央公园时，创造了"风景建筑师"一词，开创了"风景建筑学"。他把传统园林学的范围扩大了，从庭园设计扩大到城市公园系统的设计，以至区域范围的景物规划。他认为城市户外空间系统以及国家公园和自然保护区是人类生存的需要，而不是奢侈品。此后出版的克里夫兰的《风景建筑学》也是一本重要专著。

1901 年，美国哈佛大学创立风景建筑学系，第一次有了较完备的专业培训课程表，其他一些国家也相继开办这一专业。1948 年，国际风景建筑师联合会成立。

三、 园林学的研究内容

从园林学发展的历史回顾中可以看出，园林学的研究范围是随着社会生活和科学技术的发展而不断扩大的，目前包括传统园林学、城市绿化和大地景物规划三个层次。

（一）传统园林学

传统园林学主要包括园林历史、园林艺术、园林植物、园林工程、园林建筑等分支学科。园林设计是根据园林的功能要求、景观要求和经济条件，运用上述分支学科的研究成果，来创造各种园林艺术形象的过程。

（二）城市绿化学科

城市绿化学科主要研究绿化在城市建设中的作用，确定城市绿地率，规划设计城市园林绿地系统，其中包括公园、街道绿化等。

（三）大地景物规划

大地景物规划是当前发展中的重要课题，其任务是把自然景观和人文景观当作资源来看待，从生态、社会经济价值和审美价值三方面来进行评价，在开发时最大限度地保存自然景观，合理地使用土地。规划的步骤包括：自然和景观资源的调查、分析、评价；保护或开发原则、政策的制定；规划方案的编制等。大地景物的单体规划内容有：风景名胜区的规划、国家公园的规划、休养胜地的规划、自然保护区游览部分的规划等。这些工作中也要应用传统园林学的基础知识。

（四）园林史

园林史主要研究世界上各个国家和地区园林的发展历史，考察园林内容和形式的演变，总结造园实践经验，探讨园林理论遗产，从中汲取营养，作为创作的借鉴。从事园林史研究，必须具备历史科学包括通史和专门史，尤其是美术史、建筑史、思想史等方面的知识。

（五）园林艺术

园林艺术主要研究园林创作的艺术理论，其中包括园林作品的内容和形式、园林设计的艺术构思和总体布局、园景创作的各种手法、形式美构图原理在园林中的运用等。园林是一种艺术作品，园林艺术是指导园林创作的理论。从事园林艺术研究，必须具备美学、艺术、绘画、文学等方面的基础理论知识。园林艺术研究应与园林史研究密切结合起来。

（六）园林植物

园林植物主要研究应用植物来创造园林景观。其在掌握园林植物种类、品种、形态、观赏特点、生态习性、群落构成等植物科学知识的基础上，研究园林植物配置的原理，植物的形象所产生的艺术效果，植物与山石、水体、建筑、园路等相互结合、相互衬托的方法等。

（七）园林工程

园林工程主要研究园林建设的工程技术，包括地形改造的土方工程、掇山和置石工程、园林理水工程、园林驳岸工程、喷泉工程、园林的给水排水工程、园路工程、种植工程等。园林工程的特点是以工程技术为手段，塑造园林艺术的形象。在园林工程中运用新材料、新设备、新技术是当前的重大课题。

（八）园林建筑

园林建筑主要研究在园林中成景的，同时又供人们赏景、休息或起交通作用的建筑和建筑小品的设计，如园亭、园廊等。园林建筑不论单体或组群，通常是结合地形、植物、山石、水池等组成景点、景区或园中园，它们的形式、体量、尺度、色彩以及所用的材料等，同所处位置和环境的关系特别密切。因地因景，得体合宜，是园林建筑设计必须遵循的原则。

当代，世界范围内城市化进程的加速，使人们对自然环境更加向往；科学技术的日新月异，使生态研究和环境保护工作日益广泛深入；社会经济的长足进展，使人们闲暇时间增多，促进旅游业蓬勃发展。因此，园林学这样一门为人的舒适、方便、健康服务的学科，一门对改善生态和大地景观起重大作用的学科，有了更加广阔的发展前途。

四、 园林学的发展方向

园林学的发展一方面是引入各种新技术、新材料、新的艺术理论和表现方法，用于园林营建；另一方面是进一步研究自然环境中各种自然因素和社会因素的相互关系，引入心理学、社会学和行为科学的理论，更深入地探索人对园林的需求及其解决途径。

五、 园林工程技术专业介绍

（一）园林工程技术概述

　　园林工程技术为普通高职高专土建大类专业目录下设的一门专业,属于建筑设计类专业。该专业为普通高等学校专科层次, 学制三年, 接受全国高职高专教育土建类专业教学指导委员会教学的研究、指导、咨询、服务等工作, 主要开设于以土建类专业为特色的院校。本专业培养适应社会主义市场经济需要, 德、智、体、美等方面全面发展, 面向园林与建筑企业, 牢固掌握园林工程技术专业必需的专业文化基础理论和专业技术, 从事园林工程设计、生产、经营、销售及管理等工作的高技术应用型专门人才。

（二）基本素质

　　（1）园林工程技术专业人才需具备良好的道德品行和政治素质、健康的身体素质和心理素质、与人交往和团结协作的素质、热爱行业的专业素质, 以道德与修养、法律、邓小平理论与"三个代表"重要思想、体育、大学生心理健康等课程支撑。

　　（2）园林工程技术专业人才应具备的基本知识和能力包括计算机应用能力、专业语言表达及说明写作能力、数学在专业领域的应用能力、专业英语应用能力、专业栽培基础能力, 以计算机文化基础、专业英语、园林植物景观与营造等课程支撑。

　　（3）此外, 园林工程专业技术人才还应具备园林制图与识图、园林规划设计、园林绿化施工与组织管理、园林工程预结算、园林植物应用、园林植物种植与养护能力等。

（三）毕业生就业方向

　　毕业生主要在园林设计和施工企业、房地产公司、政府部门、林业、旅游等部门从事城市建设、城镇居住小区及道路中的各类园林工程的规划、设计、施工, 园林植物繁育栽培、养护及管理等工作。

六、 代表作

　　俗话说:"上有天堂,下有苏杭"。苏州是个有悠久艺术传统的历史名城, 全城有一百多处园林（如种植花草树木、供人游赏休息的风景区）, 可以说是集历代江南园林艺术之大成。《苏州园林》这篇艺术性很强的说明文就概括说明了苏州园林的基本特点。作者叶圣陶有"优秀的语言艺术家"之称。他原籍江苏苏州吴县, 对苏州园林很熟悉, 又有深入的研究, 因此写得很有特色。

　　苏州园林的特点是:务必使游览者无论站在哪个点上, 眼前总是一幅完美的图画。换句话说, 也就是"一切都要为构成完美的图画而存在, 决不容许有欠美伤美的败笔"。苏州有许多名园, 如拙政园、网师园、留园、沧浪亭、狮子林等是其中最突出者, 即以这些园林而论, 它们的建筑、山水、花木各不相同、各有特点, 这些名园也从而具有了各自的风格与生命力。

如何从这些面貌、风格各不相同的园林中概括出共同点来，大非易事。作者巧妙地从游览者的角度，从苏州园林给游人留下的印象着眼，"硬"是从不同中找出同来。中国园林艺术和诗、画艺术相通，中国园林一向被誉为如诗如画，因此，作者作为游览者的感受是精当的、恰切的，这也表明了作者深厚的艺术修养。另外，对于"图画"，我们也应该深究一下，才能更好领会苏州园林的特点。一般说来，图画中描绘的景致既来自自然，又高于自然，画家将自然天成的景色进行抽取、提炼、集中，然后创作出既不悖于自然之理又更具有美感的画图来。据此，我们可以领会到，苏州园林的美是经过精心安排而又不损自然的美。"游览者无论站在哪个点上，眼前总是一幅完美的图画"，"眼前总是"强调了苏州园林是一个完美的艺术整体。

附件：园林绿化施工企业资质

（一）一级企业

（1）注册资金且实收资本不少于 2 000 万元；企业固定资产净值在 1 000 万元以上；企业园林绿化年工程产值近三年每年都在 5 000 万元以上。

（2）6 年以上的经营经历，获得二级资质 3 年以上，具有企业法人资格的独立的专业园林绿化施工企业。

（3）近 3 年独立承担过不少于 5 个工程造价在 800 万元以上的已验收合格的园林绿化综合性工程。

（4）苗圃生产培育基地不少于 200 亩（1 亩 = 667 m²），并具有一定规模的园林绿化苗木、花木、盆景、草坪的培育、生产、养护能力。

（5）企业经理具有 8 年以上的从事园林绿化经营管理工作的资历或具有园林绿化专业高级技术职称，企业总工程师具有园林绿化专业高级技术职称，总会计师具有高级会计师职称，总经济师具有中级以上经济类专业技术职称。

（6）园林绿化专业人员以及工程、管理、经济等相关专业类的专职管理和技术人员不少于 30 人。具有中级以上职称的人员不少于 20 人，其中园林专业高级职称人员不少于 2 人，园林专业中级职称人员不少于 10 人，建筑、给排水、电气专业工程师各不少于 1 人。

（7）企业中级以上专业技术工人不少于 30 人，包括绿化工、花卉工、瓦工（或泥工）、木工、电工等相关工种。企业高级专业技术工人不少于 10 人，其中高级绿化工和/或高级花卉工总数不少于 5 人。

（二）二级资质

（1）注册资金且实收资本不少于 1 000 万元；企业固定资产净值在 500 万元以上；企业园林绿化年工程产值近三年每年都在 2 000 万元以上。

（2）5 年以上的经营经历，获得三级资质 3 年以上，具有企业法人资格的独立的专业园林绿化施工企业。

（3）近 3 年独立承担过不少于 5 个工程造价在 400 万元以上的已验收合格的园林绿化综合性工程。

（4）企业经理具有 5 年以上的从事园林绿化经营管理工作的资历或具有园林绿化专业中级技术职称，企业总工程师具有园林绿化专业高级技术职称，总会计师具有中级以上会计师职称，总经济师具有中级以上经济类专业技术职称。

（5）园林绿化专业人员以及工程、管理、经济等相关专业类的专职管理和技术人员不少于 20 人。具有中级以上职称的人员不少于 12 人，其中园林专业高级职称人员不少于 1 人，园林专业中级职称人员不少于 5 人，建筑、给排水、电气工程师各不少于 1 人。

（6）企业中级以上专业技术工人不少于 20 人，包括绿化工、花卉工、瓦工（或泥工）、木工、电工等相关工种。企业高级专业技术工人不少于 6 人，其中高级绿化工和/或高级花卉工总数不少于 3 人。

（三）三级资质

（1）注册资金且实收资本不少于 200 万元，企业固定资产在 100 万元以上。

（2）具有企业法人资格的独立的专业园林绿化施工企业。

（3）企业经理具有 2 年以上的从事园林绿化经营管理工作的资历或具有园林绿化专业初级以上技术职称，企业总工程师具有园林绿化专业中级以上技术职称。

（4）园林绿化专业人员以及工程、管理、经济等相关专业类的专职管理和技术人员不少于 10 人，其中园林专业中级职称人员不少于 2 人。

（5）企业中级以上专业技术工人不少于 10 人，包括绿化工、瓦工（或泥工）、木工、电工等相关工种，其中高级绿化工和/或高级花卉工总数不少于 3 人。

（四）四级企业

（1）具有国家工商行政管理部门批准的园林绿化行业的经营执照和园林绿化工程的经营范围。

（2）企业经理具有 2 年以上从事绿化经营管理工作的资历。企业技术负责人具有本专业中级以上职称，财务负责人具有助理会计师以上职称。

（3）企业有职称的工程、经济、会计、统计等专业技术人员不少于 4 人；具有中级以上技术职称的园林工程师不少于 1 人；企业持有中级岗位证书的在职技术工人不少于 4 人。

（4）企业固定资产现值和流动资金在 50 万元以上。

（5）具有全年施工的技术能力。

（6）能掌握园林绿化工程施工技术规程规范。

园林工程技术专业人才培养方案

第一节　园林产业与人才需求概述

一、园林产业背景分析

随着近年来生活标准和需求的不断提高，人们对城乡环境建设、绿化美化的标准和质量越来越重视，与之关系密切的园林绿化、生态环保也受到了普遍关注。城乡环境的绿化美化水平已经成为了衡量其地区发展文明程度、生活质量以及生态建设的重要指标之一。

就四川省而言，为打造良好的生态环境，推进城市生态绿化建设，一方面在各市、县、区域采用"香化、彩化"、"立交森林"等营造手法，充分发挥绿化基础设施导氧、防尘、减排污染物的功能作用，从而创建绿化、美化、和谐的人居空间。另一方面积极推广以植物群落绿化的方式，实施以生态型道路绿化、块状绿化、立体绿化为主要内容的"三绿"工程建设。同时，在农村大力实施新农村绿色家园建设和城乡环境综合整治，改善城乡生产生活条件。此外，自2008年四川发生严重地震灾害之后，构建城市绿地减灾避难体系成为了研究的重要课题。

2009年，成都市委提出把成都建设成为世界现代田园城市，按照建设世界现代田园城市的"三步走"目标，将力争通过3～5年的时间，使林业园林发展总体水平达到"全国一流"，为建设世界现代田园城市创造良好的生态条件。到2015年，力争全市森林覆盖率达到38%，林业产业总值达到500亿元，农民从林业上获得的收入显著增长；实现建成区人均公园绿地面积达到13 m²，全市基本建设布局均衡，生态和景观功能完备，"清波绿林抱重城，锦城花郭入画图"的城乡绿地系统。

到2020年，成都市将建成完备的森林生态体系和发达的林业产业体系；实现建成区人均公园绿地15 m²，展现世界现代田园城市的"自然之美"。将通过规划先导，打造"两山环抱"的绿色生态屏障；统筹协调，建设"星罗棋布"的城乡绿地；传承川西林盘，建设"林田相融"的绿色家园；实施水系绿网，公路、铁路林网，构建"三网连接"的绿色健康走廊；塑造特色品牌，实现"兴林"与"富民"的双赢。到时广大的农村地区是"人在园中"，二、三圈层是"城在园中"，中心城区是"园在城中"，把城市和农村两者的优点都高度地融合在一起，让广大城乡群众既享受高品质城市生活，又同时享受惬意的田园风光。

二、园林人才需求分析

就四川而言，以上这些规划实施需要大量的园林工程技术专业人才，为高等职业院校园林工程技术专业的建设与发展提供了难得的机遇。据不完全统计，四川省各类园林企业数千家，就成都市而言，拥有各级资质的园林企业便已达到 2 000 余家，但其建设水平参差不齐，主要表现为：企业总数多，资质等级普遍偏低，管理水平不高，一线经过专业学习的高职层次技术人员缺乏，发展缓慢。目前，施工一线上"懂设计、能施工、会管理"的高素质高技能人才匮乏，而全省范围内开设园林工程技术专业的高职高专院校仅有 7 所，每年毕业生不足 1 000 人，远远无法适应四川作为园林大省的发展速度，更无法满足社会主义新农村建设的要求以及成都建设世界现代田园城市的发展要求。这正好为高等职业院校园林工程技术专业人才培养、技术培训提供了广阔的发展空间。

第二节　园林工程技术专业概述

成都农业科技职业学院于 2002 年 4 月经四川省人民政府批准建立，是由成都市人民政府主办的第一所高等职业技术学院，也是四川省唯一一所农业类高等职业技术学院。学院位于成都市温江区德通桥路 392 号，其前身为创建于 1958 年的四川省温江农业学校。2002 年 4 月 22 日，四川省人民政府正式批准在温江农校基础上建立"成都农业科技职业学院"。园林工程技术专业是学院中成立最早的专业之一，其专业概述如下：

一、具有区域产业优势

我院位于成都平原西郊——国际花园城市温江，距成都仅 10 km，交通十分便捷。温江是西南重要的亚热带园林植物生产基地，是全国最大的花木基地之一，也是川派盆景的发源地，具有悠久的园林发展历史和丰富的园林植物资源。按照"全域成都"的理念，完善城乡融合一体化，建设世界田园城市，在配套基础设施建设、改善城市生活环境的同时，实施绿化亲水景观工程，凸显"园林城市"形象，成都在 2007 年被联合国环境规划署评为"国际花园城市"，也是西部地区唯一的"国际花园城市"。由于温江区园林绿化产业的快速发展，带动了苗木、花卉繁育基地建设，促进了农村产业结构调整，推动了农村剩余劳动力转移，增加了农民收入。川西园林闻名天下，成都园林绿化企业及其施工技术处于西南领先地位，园林技术专家和能工巧匠资源丰厚。这些都为学校的建设与发展提供了区域的优势。

二、专业建设取得一定成效

2002 年，建筑园林分院在全省率先将园林植物生产、造景与工程相融合，申报了园林工程技术高职专业，在四川省岗位培训中心及风景园林处的指导下，实施"双证"教学。自 2002 年开设园林工程技术专业以来，学院不断探索校企合作人才培养模式，2005 年成功申报了四川省教育厅教育发展研究中心重点研究课题——"高职园林工程技术专业应用型人才培养实践研究"，该课题获得省级教改成果二等奖。2009 年又顺利通过院级重点建设专业申报，现正在建设中。2010 年开始申报四川省省级示范专业，于 2011 年 8 月正式被四川省教育厅批准为省级示范专业，建设日期为 2011 年 8 月—2013 年 8 月。

（一）实习实训条件较好

该专业现有园林工程工种操作实训场、园林景观工程实训场、园林工程施工仿真实训场、花卉苗木基地、盆景制作实训场和校外实训基地 8 个，其中，园林景观工程实训场为中央财政支持建设的实训场，能进行园林工程技术专业学生的植物培育与生产、园林设计、施工和管理实训，基本能满足学生实验实训的需要。

（二）师资力量较强

该专业现有专任教师 20 人。其中，副高及以上教师 7 人，中级职称教师 7 人，硕士 11 人；同时长期聘请园林技术专家和高级技工 15 人担任兼职教师。专任教师中有 4 人担任成都市园林绿化协会理事和成都市园林专业教学专委会理事，6 人担任园林类相关工种职业资格考评员。

（三）社会服务成绩显著

该专业是四川省高职双证院校园林职业技能鉴定基地，是成都市园林教学专委会主任单位，承担了成都市园林专业教学计划的制订、师资培训和省内相关院校学生的技能培训和职业技能鉴定工作；同时是成都市园林绿化协会理事单位，承担对其他理事单位的指导、项目咨询、技术服务、从业人员培训等工作，先后多次开办省内园林从业人员园林职业培训，累计培训 4 000 多人次。专业教师积极参与为区域经济社会服务的工作，主持了西昌卫星发射中心展览场馆设计，参与了第六届全国花卉博览会景观"花团锦簇"项目的工程监理，参与成都、内江等地苗木基地建设项目 30 余项。

第三节　园林工程技术专业人才培养目标概述

一、培养目标与人才培养规格

（一）培养目标

坚持以马克思列宁主义、毛泽东思想、邓小平理论、"三个代表"重要思想和科学发展观为指导，全面贯彻党和国家的教育方针，培养德、智、体、美全面发展，能适应社会主义市场经济建设和现代化建设的需要，适应建设行业生产、建设、管理、服务第一线的需要，具备园林工程技术专业基本理论和较强操作技能，具备设计员、施工员、造价员、资料员、监理员、招投标员、苗圃管理人员等岗位能力，能在园林企事业单位从事园林工程技术推广的高等技术应用性人才。

（二）人才培养规格

通过本专业的学习，学生毕业时应具备行业通用能力、职业拓展能力和核心能力。

1．基本要求

通过学习，使学生懂得马克思列宁主义、毛泽东思想、邓小平理论、"三个代表"重要思想和科学发展观的基本原理，具有爱国主义、集体主义、社会主义思想和良好的思想品德；在具有园林工程技术专业必备的基础理论知识和专门知识的基础上，重点掌握从事园林工程技术专业领域实际工作的基本能力和基本技能；具备较快适应建设行业生产、建设、管理、服务第一线岗位需要的实际工作能力；具有创业精神、良好的职业道德和健康的身体。

2．知识结构

（1）具备基本的政治理论知识和法律知识。

（2）具备本专业必备的英语、计算机操作知识。具有一定的文学修养。

（3）具备园林工程相关的宽知识基础，其中包括园林工程规划与设计、园林工程施工、园林工程施工组织与管理、园林工程预算、园林植物景观营造与维护、园林工程项目管理、工程法规以及园林企业经营与管理等专业知识和专业理论。

3．能力要求

（1）基础能力。

① 具备运用辩证唯物主义的基本观点、方法和发展的眼光去认识、分析和解决问题的能力；

② 具备较强的语言及文字表达能力；

③ 具备利用计算机常用软件进行文字和信息处理的能力；

④ 具备继续学习和自主创业的能力。

（2）专业能力。

① 具备依据生产需求组织生产、管理生产、服务生产的能力；

② 具备本专业园林工程规划与设计、园林工程施工、园林工程施工组织与管理、园林工程预算、园林植物栽培、园林植物应用、盆景与插花、园林工程项目管理、工程法规以及园林企业经营与管理等专业技能；

③ 具有获取信息、分析问题、以专业技术解决问题的能力；

④ 具有从本专业扩展技能，以适应新社会环境要求的能力。

（3）素质要求。

① 具有正确的世界观、人生观、价值观和道德观，具备有理想、有道德、有文化、守纪

律的公民素质；具有为国家富强和人民富裕而艰苦奋斗的心理素质和奉献精神；热爱劳动、坚持四项基本原则，努力学习马列主义、毛泽东思想、邓小平理论，忠实实践"三个代表"重要思想和科学发展观。

② 具有从事本专业相关职业活动所需要的方法和创新能力；具备获取新知识、不断开发自身潜能和适应知识经济、技术进步及岗位要求变更的能力；具有较强的组织、协调能力。

③ 具有必备的文化基础知识，能适应职业潜能开发、转岗和终身学习的需要；具备本专业应职岗位所需要的综合职业能力和专业理论知识要求；具有一定的计算机应用能力和英语水平，职业技能达到国家有关部门规定的相应工种职业资格认证的要求或通过相关工种的职业技能鉴定。

④ 具有一定的体育、军事、卫生、美学知识和技能，达到《国家体育锻炼标准》规定的要求；养成良好的卫生与锻炼身体的习惯，具有健康的体魄、良好的体能和适应本职岗位工作的身体素质。

二、就业面向岗位与职业规格

（一）园林工程项目建设流程

通过大量的专业调查，我们对园林工程项目建设流程做了分析，由分析可知在整个项目建设过程中，一般会设置"设计员""施工员""资料员""预算员""招投标员""苗圃管理人员""监理员"等7个主要专业岗位群。园林工程项目建设流程分析如下图所示。

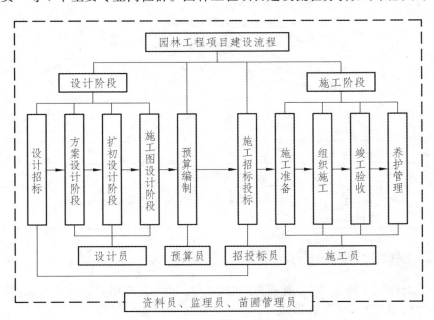

图　园林工程项目建设流程

（二）园林工程专业培养岗位分析

通过对园林工程项目建设流程的分析，我们根据学院的办学层次和培养目标确定了适合我院的4个主要培养岗位和3个拓展岗位，见下图。

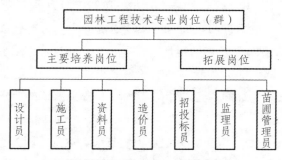

图　我院主要培养岗位和拓展岗位

（三）园林工程技术专业就业面向与职业规格

在专业调研的基础上，确立"设计员""施工员""资料员""预算员"4个主要培养岗位，并确立了"招投标员""苗圃管理人员""监理员"三个拓展岗位，对各岗位主要工作内容的分析如下表所列。

表　园林工程技术专业就业面向与职业规格

类型	职业岗位名称	主要工作内容	职业资格证书/岗位证书
主要培养岗位	园林设计员	从事小型绿地景观规划和设计，能够按照景观设计师设计意图正确用图纸加以表达施工图设计工作	景观设计员
	园林施工员	从事施工现场生产一线的技术、组织和管理	园林绿化施工员
	资料员	从事施工现场生产一线以及整个工程项目所涉及资料的收集、整理、归档与管理	资料员
	造价员	从事园林建设工程项目的计量、计价及工料分析工作	造价员
职业拓展岗位	监理员	从事园林工程项目建设过程的监理工作	监理员
	招投标员	从事园林项目建设过程的招标、投标等工作	
	苗圃管理人员	在园林苗圃企业从事苗木的生产、苗木造型、苗木的销售等工作	

（四）职业岗位（群）工作分析

在确立"设计员""施工员""资料员""预算员"4个主要培养岗位和"招投标员""苗圃管理人员""监理员"3个拓展岗位后，进一步对各岗位主要职责、工作范围、具体任务、工作方法以及所需的知识、能力和职业素养等方面进行了分析，如下表所列。

表　岗位群工作分析

工作岗位	主要职责	工作任务范围	具体任务	工作流程	工作对象	工作方法	使用工具	劳动组织方式	与其他任务的关系	所需的知识、能力和职业素养
设计员	1. 协助主创景观设计师完成设计文本的绘制和汇报文件的制作； 2. 协助完成景观扩初和扩初图纸的制作； 3. 在工程师指导下完成景观绘制； 4. 协助施工图纸审核、修改和变更工作； 5. 跟踪现场施工情况，及时调整图纸以达设计要求	1. 景观设计方案； 2. 景观扩初； 3. 景观施工图设计； 4. 现场施工意见反馈、调整、修改	1. 方案设计	1. 承接设计任务书； 2. 与业主沟通设计意见； 3. 概念性方案设计； 4. 效果表现图绘制； 5. 汇报文本的制作； 6. 方案修改、调整、深化	1. 设计场地底图	1. 沟通； 2. 汇报； 3. 绘图； 4. 查阅相关设计资料	1. 手绘工具：针管笔、马克笔、草图纸、比例尺等； 2. 电脑：CAD、Photoshop、Sketchup、（Adobe、coredraw...）； 3. 扫描仪、打印机（plotter）； 4. 设计图册、规划设计规范等	在主创设计师指导下完成工作	1. 本阶段是整个工程的培育阶段，需要专业主要构思设计，并讲清业主采用此设计； 2. 作为以后施工图设计和工程施工的蓝本	知识：手绘；CAD；Photoshop；PPT；制图规范；设计规范；速景原理；园林史论；材料与应用 能力：手绘制图能力；电脑制图能力；培养能力；植物搭配能力；口头表述能力； 职业素养：热爱专业；追求卓越；艺术审美；认真负责；沟通和团队合作
			2. 景观扩初	1. 在原概念方案设计的基础上，与业主确定细节的尺寸、材料和颜色等，并且深化初步设计图纸，完成就初步图纸的绘制； 2. 如需给工程设计院施工图绘制，分包给工程设计院，需要与设计院工程师完成技术和图纸交底	2. 设计化的方案上	1. 沟通； 2. 汇报； 3. 绘图； 4. 查图可应用的材料及色卡	1. 比色卡； 2. 主要材料样品； 3. 电脑：CAD； 4. 扫描仪、打印机（plotter）	1. 与专业方和施工图技术设计方开讨论会和技术方案会； 2. 总结会议意见，反映到深化设计图纸上	在设计过程中起承上启下的作用，将专业方博取设计方案进一步深化设计，确定景观尺寸、材料、颜色，为施工图设计能尽量表达原设计意图打下基础	知识：制图规范；设计规范；材料做法及图纸表达；CAD； 能力：手绘表现；手绘制图能力；电脑制图能力；材料和构造运用能力；口头表述能力； 职业素养：热爱专业；追求卓越；认真负责；沟通和团队合作

续表

工作岗位	主要职责	工作任务范围	具体任务	工作流程	工作对象	工作方法	使用工具	劳动组织方式	与其他任务的关系	所需的知识、能力和职业素养
设计员	1. 协助主创景观设计师完成设计方案的绘制、正稿文件的制作； 2. 协助完成景观扩初图纸和方案设计技术交底； 3. 在工程师的指导下完成景观施工图绘制； 4. 相关施工完成景观施工图审查意见的修改、修改和变更工作； 5. 照现场施工反馈、调整意见进行现场设计评价及适时提出调整要求	1. 景观设计方案； 2. 景观扩初； 3. 景观施工图设计； 4. 现场施工意见反馈、调整修改	3. 施工图设计	1. 按照设计规范和设计规范完成放线图、定位尺寸图、节点放大索引图、道路铺装图、建施图、园施图、水电施工图设计说明、设计编排、图纸编排目录、构造详图绘制； 2. 完成图纸目录、图纸编排； 3. 完成施工图审图意见的修改、变更； 4. 跟进现场的设计调整	1. 在深化完成的设计初步上，完成工程及水电设计……	1. 绘图； 2. 沟通； 3. 图例及标准图集	1. 电脑；CAD； 2. 扫描仪、打印机（plotter）； 3. 相关构造图集、设计规范	1. 在工程师或者高级工程师的指导下完成除水电、结构、水电、设备外的构造详图，设备按照专业配合完成的施工图纸； 2. 与各个专业协调沟通，整体把控设计质量	作为设计阶段的后期工作，施工招标的前期工作，结构各个专业按照整套施工图纸，并作为后续设计的预算和技术条件的依据服务条件	知识：制图规范；设计规范；材料与应用；构造做法及图纸表达；CAD 能力：电脑制图能力；材料和构造运用能力；按设计意图完成整体施工图绘制能力；完成设计说明编写的能力；沟通和团队合作能力 职业素养：热爱专业；进取求知；认真负责；沟通和团队合作
施工员	1. 熟悉施工图及国家和地方有关法律法规、规范、标准，了解工程概况，参与图纸内部会审并做好记录； 2. 参与施工组织设计的编制、参与施工组织设计、安全及环境文明管理计划的制订并负责贯彻物的决行	1. 施工准备工作	1. 技术准备	1. 熟悉工程图集、施工图及相关规范，学习工程标准图集； 2. 参与项目内部图纸会审，了解工程情况，熟悉图纸并做好记录，参与施工会审并做好记录； 3. 参与施工组织设计的编制，组织施工设计一技出设计文件，工查及环境文明合同资料	1. 施工图、标准图集； 2. 法律法规和行业规范和标准； 3. 施工工艺	1. 查阅资料； 2. 询问； 3. 提问； 4. 归纳总结	1. 施工图、规； 2. 有关法律法规； 3. 施工工程规范、标准； 4. 施工工具书； 5. 验收评定标准； 6. 现代化办公手段	技术负责人、各专业技术人员分工合作	为后续服务及（基础、必要条件技术保障）	知识： 1. 制图、识图； 2. 国家法律法规； 3. 国家工程标准； 4. 园林工程基础知识； 5. 园林施工技术管理； 6. 园林工程施工组织管理 能力： 1. 识图能力； 2. 查阅资料的能力； 3. 具备施工技术的能力； 4. 施工组织与管理的能力 职业素养： 1. 职业责任心； 2. 团队精神； 3. 严谨、认真负责

续表

工作岗位	主要职责	工作任务范围	具体任务	工作流程	工作对象	工作方法	使用工具	劳动组织方式	与其他任务的关系	所需的知识、能力和职业素养	
施工员	3. 严格按设计图纸、标准图集、操作规程、工艺标准进行施工并及时填写施工日志; 4. 现场指导施工,检查班组落实有关质量、进度、技术安全和环保目标计划; 7. 施工过程中协助工程变更等工作; 8. 协助工程量计划; 10. 对工程使用的材料、构件的质量负责,对不符合标准的材料,构件有权上报的责任;	1. 施工准备工作	1. 技术准备	2. 熟悉或制订施工组织设计:工程概况—施工部署—各项施工方法—各项施工计划—施工平面图	施工组织设计	1. 查阅资料; 2. 询问; 3. 提问; 4. 归纳总结	1. 工期及进度计划; 2. 相关软件; 3. 计算机等	以合同文件、施工图、有关法律法规等为编制依据	确保施工任务的顺利完成	知识	1. 施工图预算知识; 2. 劳动定额、机械台班定额; 3. 施工现场平面图设计;
										能力	1. 施工图预算编制能力; 2. 劳动力计划、进度计划编制能力; 3. 使用相关软件能力;
										职业素质	1. 职业责任心; 2. 严谨、认真负责
			2. 现场准备	熟悉施工图—支接建设单位统一坐标网(控制网)—导线测量(控制网)—一水准点引测—一会同各方复核	控制测量;施工放线	1. 查资料,询问; 2. 内业计算; 3. 操作仪器; 4. 记录计算	1. 经纬仪; 2. 水准仪; 3. 全站仪; 4. GPSRTK; 5. 计算机及相关软件	在技术负责人指导下,测量员相关工作	确保后续工作顺利开展	知识	1. 识图; 2. 测量基础知识; 3. 仪器基础操作; 4. 相关应用
										能力	1. 识图能力; 2. 仪器操作能力; 3. 内业计算能力; 4. 成图软件应用能力;
										职业素质	1. 职业责任心; 2. 团队精神; 3. 严谨、认真负责
			3. 组织准备	熟悉施工方案—组织人力、物理、附属工序在规定工段上搭接、流水作业—全面安排施工现场及其他协调工作	班组作业	1. 查阅资料; 2. 询问; 3. 提问; 4. 归纳总结	1. 图纸、规范等; 2. 工具书; 3. 质量验收标准; 4. 施工组织设计;	在本项目生产负责人主持下,相关人员参与,召集班组人员交底和书面签字	各分项施工的前提,依据,各分项、各工序质量控制的前提,施工过程中的安全保证	知识	1. 识图; 2. 国家、地方和行业标准; 3. 施工技术; 4. 施工组织与管理
										能力	1. 执行施工组织设计的能力; 2. 编制资源计划的能力
										职业素质	1. 职业责任心; 2. 团队精神; 3. 严谨、认真负责

续表

工作岗位	主要职责	工作任务范围	具体任务	工作流程	工作对象	工作方法	使用工具	劳动组织方式	与其他任务的关系	所需的知识、能力和职业素养	
施 工 员	11. 参加检验批和分项工程验收，参加隐蔽工程的预验收和分部工程质量评定、参加工程质量复查及单位工程验收； 12. 协助质检员、安全员等开展工作； 13. 协助对工程分包商的监督管理	1. 施工准备工作	4. 下达任务书	进度计划—下达施工任务书及材料限额领料单	班组作业	书面签发、签收	发文本、计算机	独立完成	工程形象进度目标传达；工程进度控制的前提	**知识**：专业基础知识	
										能力：运用专业术语准确地进行文字表达的能力	
										职业素养：	
		2. 进行技术交底	施工技术交底	技术交底—安全交底—特殊工序的作业指导书	班组作业	书面交底操作	1. 图纸、规范、工艺标准； 2. 工具书； 3. 质量验收标准	在项目生产负责人主持下，相关人员参与，召集班组人员交底和书面签字	各分项工的前提和依据；各分项、各工序工作质量控制的前提；施工过程的质量、安全保障	**知识**：1. 识图；2. 国家、地方、行业规范；3. 施工技术；4. 验收规范	
										能力：1. 施工技术；2. 安全操作	
										职业素养：	
		3. 进行有目标的组织协调控制施工管理	1. 进行施工技术组织和质量控制	检查准备工作的各项施工—过程检查工作（材料构件、设备、施工工艺、隐蔽工程）等事—发现问题及时更改—复查—分部分项工程验收	1. 分项或工序操作质量进行； 2. 分项和部位的安全情况	1. 查阅资料； 2. 问询； 3. 检查记录； 4. 整改； 5. 验收	1. 图纸、规范、工艺标准； 2. 工具书； 3. 质量验收标准	在项目生产负责人主持下，相关人员参与，召集班组人员检查并记录	分部工程质量保证基础；安全生产的基础	**知识**：1. 识图；2. 国家、地方、行业规范；3. 施工技术；4. 验收规范	
										能力：1. 施工技术；2. 安全操作	
										职业素养：	
			2. 进度和文明施工管理	现场施工调度—与其他施工配合协调—施工过程安全检查—发现问题及时整改—复查—进度及安全文明施工验收	分项工程	1. 查阅资料； 2. 检查对比； 3. 跟踪整改； 4. 分析调整	作业计划	独立完成	监控实际施工情况；是下阶段调整形象进度目标的依据之一；是主上一级目标计划实现的保证	**知识**：1. 施工技术知识；2. 施工组织知识；3. 安全文明管理常识	
										能力：1. 进度计划能力；2. 组织协调能力；3. 掌握安全施工常识能力	
										职业素养：1. 实事求是；2. 严谨认真	

续表

工作岗位	主要职责	工作任务范围	具体任务	工作流程	工作对象	工作方法	使用工具	劳动组织方式	与其他任务的关系	所需的知识、能力和职业素养
施工员	14. 协助工程技术资料的收集整理工作	4. 技术资料的收集和整理	做好施工过程资料	施工日志—隐蔽工程检查记录—办理预算外工程签证—质量、安全事故处理记录—及时将相关的记录及其他相关资料	1. 分项或工序施工全过程；2. 规范规定的专项记录；3. 审方特殊要求的记录	及时、真实地记录	专用表格	1. 独立采集记录；2. 共同采集记录；3. 技术负责人审核	竣工资料的置要竣工资料组成部分	知识 1. 专业知识；2. 工程资料编制知识； 能力 1. 专业知识应用能力；2. 应知写作能力；3. 档案管理能力； 职业素养 1. 职业责任心；2. 团队精神；3. 严谨、认真；4. 公正诚信
资料员	1. 执行作业法规；2. 参加协助施工组织设计及各种专项方案的编制；3. 工程资料随工程进度同步收集、整理并按规定收发；	工程内业资料	1. 参加协助施工组织设计及各种专项方案的编制	1. 熟悉图纸、会审资料、规范施工工艺流程；2. 参与编制施工组织设计；3. 打印装订；4. 会签定稿	施工组织设计专项方案	1. 查阅；2. 咨询；3. 参操作；4. 整理	1. 图纸；2. 工具书；3. 手册；4. 办公用品；5. 施工方案范本；6. 计算机；7. 专用表格	在技术负责人及专业指导下进行相应工作	1. 施工指导文件；2. 技术准备工作之一	知识 能力 职业素养
			2. 采集、编制、整理装订各种技术资料	1. 采集；2. 编制；3. 整理；4. 装订；5. 归档	1. 指南；2. 施工技术资料	1. 采集；2. 查阅；3. 整理	1. 指南；2. 标准图集、施工规范；3. 工艺标准；4. 办公软件；5. 验收标准、图纸	在技术负责人指导下独立完成	相关资料未验收签字不能进行下一步工作	知识 能力 职业素养
			3. 收集整理技术经济资料	1. 采集经济签证（办理照片）文字和图纸；2. 收集技术经济签证—会签—更通知单—办理技术核定单—会签—技术核定单—会签—报价的鉴证—收集整理	1. 技术经济核定单；2. 设计变更知单；3. 技术核定单	1. 查阅资料（合同、招投标文件、法规）；2. 咨询；3. 收集；4. 整理	1. 合同；2. 招投标文件；3. 定额；4. 进场信息；5. 办公软件；6. 计算机	在技术负责人的指导，工长的协作下独立完成	企业效益	职业素养

续表

工作岗位	主要职责	工作任务范围	具体任务	工作流程	工作对象	工作方法	使用工具	劳动组织方式	与其他任务的关系	所需的知识、能力和职业素养
资料员	4. 确保各类资料的计算齐全、有效、完整；5. 配合技术人员文本打印和收发技术文件；6. 其他临时工作	工程内业资料	4. 采集需要报审的资料，报审（原保）；5. 文档打印收发；6. 与相关人员的协调问题	4. 采集资料；填表（专用表格）；报审 5. 文档源；打印处理；收发；整理归档	报审资料 文本	1. 查阅、咨询；2. 收集；3. 操作；4. 整理 1. 咨询；2. 操作；3. 整理	1. 指南；2. 办公软件；3. 规范、标准 1. 办公软件；2. 范本	在技术负责人的指导下独立完成	1. 相关资料未验收签字不能进行下一步工作；2. 工程质量要保证下一步工作的基础 在与日常工作紧密联系	知识：1. 专业基础知识；2. 办公软件知识；3. 规范常识；能力：具有独立运用办公软件的能力；职业素质：主动工作；知识：1. 绘图打印；2. 档案管理常识；3. 计算机维护常识；能力：运用办公软件的能力；职业素质：认真、细致、及时
预算员	1. 工程项目开工前必须熟悉图纸，熟悉现场对工程有一定程度的了解和理解；2. 编制预算前必须获取技术部门的施工方案等资料，工程量正确编制预算，便于正确编制预算，参与各类合同的洽谈、掌握各类资料、提供合作出单价的分析、掌握项目经理参考；	1. 建设项目开始估算的编制、审核及项目经济评价；2. 工程概（决）算、竣工结算、工程量清单、工程招标控制价、投标报价的编制和审核；	1. 参与投标	1. 进行投标时的市场调查，进行现场勘察；2. 计算与复核工程量清单，确定分部分项工程量清单、其他项目清单费与其他措施项目清单的综合单价与定额规范与合同的综合单金，汇总报价金。	招标文件；施工图纸；工程量清单	1. 市场调查；2. 现场勘察；3. 计算复核；4. 汇总	1. 规范；2. 软件；3. 计算机	投标小组成员合作完成	结合企业自身情况及投标竞争战略，使投标报价更合理	职业素质；知识：1. 档案管理知识；2. 团队合作、诚信；知识：具备工程量计算规则知识；能力：具有工程量计算的能力；职业素养：组织能力、团队协作能力

续表

工作岗位	主要职责	工作任务范围	具体任务	工作流程	工作对象	工作方法	使用工具	劳动组织方式	与其他任务的关系	知识	能力	职业素养
预算员	4. 及时掌握有关的经济政策、法规的变化，如人工费、材料费等费用的调整，及时分析费用提供调整后的数据； 5. 正确及时地编制施工图施工预算，正确计算工程量及工料分析，做好量差分析，并及时做好工料分析计算中对比； 6. 参加工程施工技术中及时收集隐蔽工程量和签证单，并依次进行量差记录，作为工程造价增减账，作为工程结算的依据； 7. 协助项目经理做好各类经济测算工作量差，随时管理所需成本，实际管理所需成本，做到心中有数； 8. 正确及时地决算，编制所需预算，根据工程决算成本，做到心中有数	3. 工程变更及合同价款的调整，索赔费用的计算； 4. 建设项目各阶段的工程造价的控制； 5. 工程经济纠纷的鉴定；	1. 参与投标	3. 分析与研究招标文件，会审施工图纸；	1. 招标文件； 2. 施工图纸； 3. 工程量清单	1. 市场调查； 2. 现场勘察； 3. 计算复核； 4. 汇总	1. 规范； 2. 软件； 3. 计算机	投标小组成员合作完成	结合企业自身情况及投标竞争战略，使投标报价更合理	具备工程量计算规则知识	具备工程量计算的能力	组织能力、团队协作能力
			2. 合同谈判	1. 接受中标通知书； 2. 组成包括招标项目经理的谈判小组； 3. 草拟组织合同专用条款； 4. 谈判； 5. 参照中标价款或拟定的合同条款或建筑工程施工合同示范文本与发包人订立简述工程施工合同	1. 中标通知书； 2. 合同专用条款	1. 调查； 2. 操作； 3. 谈判	1. 规范； 2. 软件； 3. 计算机	谈判小组成员合作完成	合同双方平等互信	合同管理知识	合同谈判能力	
			3. 工程计量	1. 确定工程量； 2. 确定分部分项工程单价； 3. 确定措施项目费； 4. 确定其他项目费； 5. 确定工程成本价； 6. 计取规费和税金； 7. 确定工程造价总金额； 8. 确定工程造价	1. 施工图纸； 2. 工程量清单	1. 市场调查； 2. 计算； 3. 汇总	1. 规范； 2. 软件； 3. 计算机	在项目经理的配合下由预算小组成员共同完成	工程量计算规则与现场实际基本物合	工程量计算规则知识	工程量计算能力	组织能力、团队协作能力

续表

工作岗位	主要职责	工作任务范围	具体任务	工作流程	工作对象	工作方法	使用工具	劳动组织方式	与其他任务的关系	所需的知识、能力和职业素养
预算员	9. 经常进地结合实际开展定额消耗活动,对各种资源消耗情况进行积累,及时向项目经理汇报	6. 与工程造价业务有关的其他事项	4. 结算	1. 确定分部分项工程量清单数量; 2. 确定分部分项工程量清单综合单价; 3. 确定计日工项目费; 4. 确定其他项目费; 5. 审查工程竣工结算。	1. 施工图纸; 2. 工程量清单; 3. 变更签证单	1. 计算; 2. 汇总	1. 规范; 2. 软件; 3. 计算机	在项目经理的配合下由预算小组成员共同完成	工程造价计算与现场实际吻合	知识：工程量计算规则知识 能力：工程量计算的能力 职业素养：组织能力,团队协作能力
监理员	1. 熟悉合同文件、施工图及国家和地方有关法律法规、规范、标准,了解工程概况,参与图纸会审记录,对各施工部位人员的配备情况进行审查; 2. 熟悉协助工程监理规划、该项目工程监理实施细则; 3. 对施工现场、量测和验收、对重要的分项工程或施工部位进行旁站监理; 4. 对施工现场安全不文明事项及时提出整改;	1. 施工控制中的监督监理工作	1. 施工准备	1. 熟悉合同文件、施工图及国家和地方有关法律法规、规范,了解工程概况,参与施工组织设计审查并计交底、图纸会审并做好记录,对单位人员的配备情况、工单审查分包单位资质审查情况、施工测量放线成果一审查开工条件一参加监理工作会议	1. 合同文件、施工图、标准图集、 2. 法律法规、行业规范和标准; 3. 施工工艺	1. 查阅资料; 2. 询问; 3. 提问; 4. 归纳总结	1. 施工图; 2. 有关法律法规; 3. 施工规范和标准; 4. 施工工具书; 5. 检验评定标准; 6. 现代化办公手段	总监牵头,各个专业监理员分工合作	为后续工序服务(基础、必要条件及技术保障)	知识： 1. 制图、识图; 2. 国家法律法规; 3. 国家标准; 4. 园林工程基础知识; 5. 园林工程施工技术; 6. 园林工程监理 能力： 1. 识图能力; 2. 查阅资料的能力; 3. 具备施工技术的能力; 4. 园林工程监理能力 职业素质： 1. 职业责任心; 2. 团队精神; 3. 严谨、认真负责

续表

工作岗位	主要职责	工作任务范围	具体任务	工作流程	工作对象	工作方法	使用工具	劳动组织方式	与其他任务的关系	所需的知识、能力和职业素养
监理员	4. 协助工程师审查承包单位提交的各类计划、申请、变更，并向总监理工程师提出审核报告； 5. 检查施工单位按图纸、工艺标准施工，按进度计划施工，反映施工中发现的问题，并提出合理化建议； 6. 负责本专业检验批、分项工程验收、隐蔽工程验收，检查进场材料、设备、构配件的原始凭证、检测报告等质量证明文件及实际样品，核对配件的质量情况，对不符合要求的材料、设备、构配件不得签认，并拒绝用于工程； 7. 参与处理施工中出现的一般的质量问题、争议，约纳处理；对重大质量事故及其他紧急情况报告专业监理工程师； 8. 将施工中的质量事故及其他质量急情况报告业主	1. 施工控制中的监督工作	1. 施工准备	2. 熟悉监理规划，监理实施细则	监理规划；相关工程标准、设计文件和有关的技术资料；施工组织设计	1. 查阅资料； 2. 询问； 3. 提问； 4. 归纳总结	1. 施工图等文件； 2. 作业法律法规； 3. 施工规范和标准； 4. 施工工具书； 5. 检验评定标准	总监牵头，各个专业监理员分工合作	确保施工任务完成	知识 1. 施工组织管理知识； 2. 园林工程监理知识 能力 职业素养 1. 职业责任心； 2. 团队精神； 3. 严谨、认真负责
			2. 施工质量控制	核验施工放线—验收隐蔽工程—分部分项工程—分部分项工程质量评定表—进行巡视、旁站和巡检，对发现的问题和施工单位沟通和施工问题及时通知施工单位（提出监理建议），并做监理记录—审查施工单位的原始材料，构配件和设备的质量证明文件，证明材料，并抽检其质量—施工单位提供的"四新"论证材料及相关工程的测量、检测仪器设备及精度，置换的定期检验校验证明—对施工中的一般抽检与一般处理施工中的一般质量事故，并提供验收记录及其他主—对重大事故及其他紧急情况报告给业主		1. 查阅资料； 2. 询问； 3. 归纳； 4. 书面通知	1. 图纸、规范、工艺标准； 2. 工具书； 3. 质量验收标准	总监牵头，各个专业监理员分工合作	各分项施工前提和依据；各分项、各工序质量控制的前提；施工过程质量安全保障	知识 1. 识图； 2. 国家、地方、行业规范和标准； 3. 施工技术； 4. 建筑材料知识； 5. 施工测量知识； 6. 验收规范 能力 1. 施工技术； 2. 安全操作； 3. 材料识别与检测能力； 4. 施工测量能力 职业素养

续表

工作岗位	主要职责	工作任务范围	具体任务	工作流程	工作对象	工作方法	使用工具	劳动组织方式	与其他任务的关系	所需的知识、能力和职业素养	
监理员	9.参与编写监理月报,并根据实际情况做好监理日记、监理日志应做好汇总、归集。10.编写总结。11.随时整理资料,遇时工程的监理资料的交付总结,使备工时归档	1.施工控制中的监督工作	3.进度控制	监督施工单位按照施工合同和经过审批的施工组织设计中规定的工期组织施工一审查施工单位提交的施工进度对进度计划,检查施工单位进度调整,核查建立工程进度台账,向业主报表执行情况		1.查阅资料;2.检查对比;3.限踪检查;4.分析调整	施工组织设计、监理实施细则	总监牵头,各个专业监理员分工合作	监控实际情况;是下阶段完成形象;调整进度目标的依据之一;是上一级目标计划完成的保证	知识 1.施工技术知识;2.施工组织知识;3.安全文明管理常识	能力 1.进度计划能力;2.组织协调能力;3.掌握安全施工常识的能力 职业素质 1.实事求是;2.严谨认真
			4.安全和文明施工控制	对施工单位的安全文明生产进行监查一编制安全生产管理应急预案,并组织演练;审查施工单位的安全文明生产的制度、组织机构及专职管理人员和设施一督查施工单位日常安全隐患,一发现重大事故隐患一督查整改现象情况,并做好记录		1.查阅资料;2.检查检查;3.跟踪检查	有关强制性规定、施工组织设计、监理实施细则	总监牵头,各个专业监理员分工合作	监控实际情况;是下阶段完成形象;调整进度目标的依据之一;是上一级目标计划完成的保证	知识 1.施工技术知识;2.施工组织知识;3.安全文明管理常识	能力 1.组织协调能力;2.掌握安全施工常识的能力 职业素质 1.实事求是;2.严谨认真
			5.投资控制	审核施工单位提交的工程款支付申请(协助)总监理工程师签发所支付证书,并报业主建立工程款支付台账一审核施工单位变更台账一审签发变更的工程变更		1.查阅资料;2.检查对比;3.限踪检查;4.分析调整	合同文件、有关强制性规范、施工组织设计、监理实施细则	总监牵头,各个专业监理员分工合作	监控实际情况;是下阶段完成形象;调整进度目标的依据之一;是上一级目标计划完成的保证	知识 1.施工技术知识;2.施工组织知识;3.合同管理常识	能力 1.组织协调能力;2.掌握合同管理的能力

续表

工作岗位	主要职责	工作任务范围	具体任务	工作流程	工作对象	工作方法	使用工具	劳动组织方式	与其他任务的关系	所需的知识、能力和职业素养
监理员	11. 随时整理工程监理资料，随时交付总监监理，以备工程竣工时归档	5. 做好投资控制的监督监查工作	5. 投资控制	申请、协调处理的监督合同争议和处理的监督；审查实施工单位的竣工结算申请	1. 分项或分部工序施工全过程；2. 规范规定的专项记录	1. 查阅资料；2. 检查对比；3. 跟踪检查；4. 分析调整	合同文件、有关理制性规定、施工组织设计、监理实施细则	总监牵头，各个专业监理员分工合作	是上一级目标计划完成的保证	知识：1. 英算知识；2. 严谨认真
			做好竣工验收资料工作，建立工作任务各种资料归档	施工单位及时整理竣工文件和验收资料；参与竣工验收工程质量评价编写报告；参与质量验收与加级工验收；编制整理工程监理归档资料文件	1. 施工全过程；2. 规范规定的专项记录；3. 甲方特殊要求的记录	及时、真实地记录	合同文件、有关理制性规定、监理实施细则、专用表格	1. 收集记录；2. 共同采集；3. 技术负责人审核	工程项目顺利验收和移交的保障	知识：1. 专业知识；2. 工程资料整编知识；能力：1. 专业知识应用能力；2. 应用写作能力；3. 档案管理能力；职业素养：1. 职业责任心；2. 团队精神；3. 严谨、认真；4. 公正、诚信
招投标员		1. 做好投标文件的制定工作；2. 提供工程目标的可行性预算和成本分析	做好投标工作	招投标项目的成本分析、编制和汇总工作						知识：园林工程预算；能力：园林工程预算能力；职业素养：交流能力、管理能力
苗圃管理员	1. 负责苗圃养护管理工作；2. 负责苗圃生产技术管理；3. 负责苗圃生产技术及常规组织栽培，为做好苗圃；4. 配合做好苗圃统计报表工作；5. 负责与当地林业部门协调做好检疫工作；	负责苗圃养护	1. 制定养护措施	1. 编制养护管理工作计划、协调用工计划；2. 编制养护技术操作规范；3. 各项养护工作；4. 苗木出入圃验收规范	1. 养护管理工作计划、协调用工计划；2. 养护技术操作规范；3. 养护工作量；4. 苗木出入圃验收规范	1. 查阅（养护管理技术操作规范）；2. 咨询；3. 操作；4. 整理	1. 规范；2. 计算机；3. 办公软件	在苗圃经理指导下独立完成	为园林绿化工程提供高质量绿化苗木，降低养护成本	知识：苗木养护知识；能力：具备苗木日常养护的能力；职业素养：组织能力、团队协作能力

续表

工作岗位	主要职责	工作任务范围	具体任务	工作流程	工作对象	工作方法	使用工具	劳动组织方式	与其他任务的关系	所需的知识、能力和职业素养
苗圃管理员	6. 做好领导交办的其他工作	负责苗圃养护管理、植保及常养繁育工作，为园林绿化工程提供绿化苗木	2. 组织实施苗木护繁	1. 编制苗木生产计划; 2. 组织实施播种、扦插、上盆、施肥及苗圃的日常生产管理工作	1. 苗木生产计划; 2. 播种苗、扦插苗	1. 调查(苗木市场); 2. 咨询; 3. 操作; 4. 整理	1. 种子; 2. 苗木; 3. 生产工具; 4. 计算机; 5. 办公软件	在苗圃经理指导下工人的协作下独立完成	为园林绿化工程提供苗木	知识: 苗木的有性繁殖和无性繁殖知识 能力: 能进行苗木的各种繁殖及生产组织能力、团队协作能力、吃苦耐劳 职业素质:
			3. 苗木出入圃及台账管理	1. 苗木入圃验收、苗木出圃; 2. 质量控制; 3. 输制材料台账; 4. 资金台账; 5. 车辆管理台账	1. 出入圃质量控制规范; 2. 台账	1. 查阅(验收规范、台账); 2. 咨询; 3. 操作; 4. 整理	1. 规范; 2. 专用表格; 3. 计算机; 4. 办公软件	在苗圃经理指导下独立完成	进行成本控制，提高企业效益	知识: 出入圃的质量控制规范、基本账务 能力: 能进行出入圃的质量控制、能运用办公软件制作各种台账 职业素质: 主动积极、细心、谨慎
			4. 制订植保工作计划	1. 制定苗木病虫害发生情况，及时提出防治措施并组织实施; 2. 与当地林业部门协调做好检疫工作	1. 植保工作计划; 2. 植物病虫害; 3. 防治措施	1. 调查(病虫害情况); 2. 咨询; 3. 交流; 4. 操作	1. 药品; 2. 机械; 3. 计算机; 4. 办公软件	在苗圃经理指导下工人的协作下独立完成	为园林绿化工程提供高质量绿化苗木，降低养护成本	知识: 具有防治各种植物病虫害的知识 能力: 病虫害的防治能力 职业素质: 安全及文明施工意识、组织沟通协作能力、吃苦耐劳
			5. 与当地各级政府搞好关系	1. 协助公司办理有关项目申报工作; 2. 协调办理与其他单位的合作事宜	1. 苗木种植项目申报书; 2. 与其他单位的合作事宜	1. 调查(苗木行情); 2. 咨询; 3. 操作; 4. 交流	1. 计算机; 2. 办公软件	独立完成	宣传、科普、环保，美化企业形象	知识: 项目申报流程 能力: 具备项目申报的能力 职业素质: 组织能力、沟通能力

第四节 人才培养模式及课程体系

一、人才培养模式

（一）"项目驱动，四段育人"工学结合人才培养模式

1."项目驱动"：体现五个对接

对接七个职业岗位（四个主要职业岗位，三个拓展职业岗位）能力，确定专业培养目标；对接生产过程，以工程项目为载体，遵循职业成长规律，开发课程体系；对接真实工作任务和国家职业标准，遵循认知规律开发课程；对接工作过程，创新教学做一体化的教学模式；对接企业用人标准、企业文化，建构专业和课程的评价体系。

2."四段育人"：学习时间的四个阶段，同时指"四段能力"的培养

根据学生认知及职业素养形成规律，在设计与实施中分为四个阶段。第一阶段（1~4学期）：学生在校内和师徒工作室完成专业基础和专业单项课程学习，搭建专业基础平台，培养学生岗位认知、专业素养及单一问题的解决能力。第二阶段（第四学期暑期岗位见习）：在合作企业和师徒工作室结合生产项目进行定岗实践，让学生对各岗位工作职责、工作内容、工作流程、质量标准有进一步认识，培养学生团队协作和分析、解决问题的能力。第三段（5学期）：根据定岗实践中对各岗位工作的体验与认识，结合学生个性特点，以企业提供实际工程项目为载体，在学校或合作企业进行综合能力模块和拓展能力模块的课程学习，提升专业岗位能力和专业综合能力，培养学生综合问题的解决能力。第四段（6学期）：到园林企事业单位具体的工作岗位上结合工程项目进行综合顶岗实习，培养学生职业综合能力，实现由学校人向社会人的过渡。

通过"项目驱动、四段育人"的实施，把理论学习与实践操作统一起来，在学中做，做中学，使学生"会做人""善做事"，能快速适应岗位工作的需要，毕业时具备相应的岗位工作能力（详见下页图）。

（二）"项目驱动、四段育人"工学结合人才培养模式实施

1. 抓阵地、建协会、强师资、设基地、举行技能大赛，多种方式凸现以素质教育为中心

按照"抓住一个阵地、建立三个协会、培养一支队伍、建设一个基地、举行技能大赛等多种活动"的工作思路，切实提高学生综合素质。

第一，以教学过程（课堂教学、实践教学、顶岗实习）为主阵地，将素质教育与职业道德教育贯穿在整个教学过程中，使学生"素质"与"技能"得到双向提升。

第二，建立"工程项目管理协会""园林景观设计协会""花卉盆景协会"三个协会，协会运作有专业教师指导，学生自行进行管理和开展活动，培养学生的综合素质。

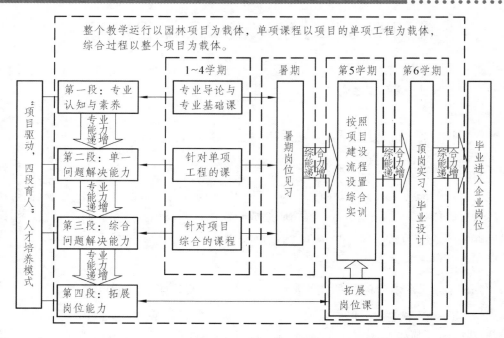

图 学生进校后的培训流程

第三，培养一支较优秀的辅导员队伍，为学生素质教育提供保障。每年组织辅导员参加校内外培训、职业技能大赛、辅导员工作经验交流等，提高辅导员工作能力，其中董娅参加四川省辅导员职业技能大赛获得三等奖。

第四，建立柳城街道柳浪湾党员服务联盟校外素质教育基地。充分利用该基地，在寒暑假时间安排学生到基地锻炼，了解基层现状，提高对社会的责任意识。不定期同柳浪湾和平社区开展一些活动，增加学生的组织能力。

第五，每学期定期举行测量、素描、色彩、手绘、工程造价、钢筋工技能大赛，在培养学生专业技能的同时，又培养学生敢于竞争的意识。

第六，每年在校园中开展 "才艺大赛""名师名家讲坛""寝室文化节"和"科技文化节"等多种活动，为学生素质提升提供载体和导向。

2."政企行校"四方联动，立体推进，提供项目支撑

与温江区花卉园林管理局、温江区劳动就业局等政府行政主管部门合作，政府出台政策，为校企合作搭建平台、提供保障；与成都大众园林建设有限公司、四川省远景、成都华西生态集团等31家省内外企业合作，确立了设计员、施工员、造价员、资料员四个主要就业岗位，监理员、招投标员、苗圃管理员三个拓展岗位，确立了专业人才培养目标；在四川省风景园林协会、成都市风景园林学会、成都市园林绿化协会、温江区花卉园林协会的指导下，与合作企业一道，根据生产过程，以工程项目为载体，制定了工学结合的课程体系；与行业协会和企业合作，完成了工学结合的23门项目化、情境化课程建设工作；对接工作过程，实现校内仿真实训、校外定岗实训和顶岗实习相融合，教室教学、实训区教学和工地教学相融合的教学模式；在四川农业大学风景园林学院、成都航空职业技术学院、四川建筑职业技术学院

等院校的指导下，与企业和行业协会合作，根据企业用人标准和企业文化，完成了专业教学标准和集教学思想、教学目标、教学内容、教学环节、教学方法、教学效果为一体的课程评价体系。

3. 三方互动，理实一体，深度合作，拓宽人才培养平台

坚持以素质教育为中心，以培养学生职业能力为目标，依托名企（成都大众园林建设有限公司等）、师徒工作室（成都三邑园艺绿化工程有限责任公司）与专业共同分析岗位群对人才能力的要求，共同确定人才培养目标，共同确定人才培养模式，共同制订人才培养方案，共同制定园林工程技术专业课程体系，共同进行实训基地建设及学生岗位见习（定岗）、顶岗实习指导工作等，使深度合作企业增加到31家（新增16家），学生顶岗实习半年以上的比例达到100%。

4. "四段育人"分段推进，工学交替，四融合提高人才培养质量

第一阶段：在两年的基本能力与专业单一能力训练过程中，从以下途径实现工学交替的人才培养模式：第一，结合实际工作过程，通过项目化和情境化教学，既有理论知识的学习，也有实际操作的训练。第二，从名企聘请技术人员进校园，进行课堂教学或校内仿真实训指导。建设期间，我们先后从企业引进技术人员、管理人员、技师与高级技师共计29人次，进校对学生开展专题讲座、授课、工程施工、绿化工等工种实训指导等工作。第三，依托师徒工作室，结合企业和本校的工程建设任务，对于实践性较强的课程（如"园林规划与设计""园林景观营造与维护"等），把课堂设在校内景观设计工作室、工程项目管理工作室或企业施工现场。例如，2011年到现在，与成都欣绿园林工程有限公司共建的项目管理工作室，完成了南部县行政中心附属工程车道及人行道绿化工程、温江区涌泉花土共和道路行道树栽植工程以及创维成都物流园二、三期园林绿化工程等 10 个项目、面积 438 000 m^2、合同额为4 800 余万元项目的施工投标、工程施工及现场管理等方面工作，企业与学校派教师 6 人、学生 241 人分批参与了不同项目的设计、投标、施工及管理工作。2012 年，结合学院大门景观改造项目，与四川省远景园林建筑设计研究院组建景观设计工作室，完成了学院大门景观改造项目方案及施工图设计，企业与学校各派教师 5 人指导，学生 80 人参与，分组完成了方案设计、施工图设计工作，通过该项目的实施，学生的综合能力得到了很大提高。通过以上三种途径，学生在校期间参与生产性实训比例已达到90%。

第二阶段（暑期岗位见习）：在师徒工作室实施师傅带徒弟的同时，为更好地满足学生需求，在第四学期暑期，分院组织企业到校进行实习招聘，提供专业实习岗位，由学生与企业共同选择工作岗位，学生到企业定岗实习。定岗实习期间，学院聘请企业现场技术员作为定岗实习指导老师，以保证学生定岗实习质量。

第三阶段（5 学期）：根据岗位见习中对专业各工作岗位的工作体验与认识，结合学生个性特点，并考虑当年的市场需求，以实际工程项目为载体，学生在学校或合作企业进行专业综合能力模块课程和专业拓展能力模块课程的强化学习，提升专业岗位能力和专业综合能力。学生暑期实习回校后，通过专业综合性和拓展性课程的学习，职业能力得到了进一步的深化，最后，在校内实训基地进行就业岗位强化培训，最终取得相应岗位的职业资格证书。

第四阶段（6学期）：学生将作为企业员工进行为期半年的顶岗实习。校内和企业指导教师共同制定顶岗实习任务书及指导书，共同评定实习成绩，共同管理实习过程，以充分保证学生顶岗实习的时间和质量。学生最后将根据实习项目完成毕业设计和答辩。

以上四个阶段设计，充分体现了工学交替、分段推进的培养模式。在完成过程中，实现了四个融合，即学生职业能力、就业竞争力和发展潜力相融合，校内仿真实训、校外定岗实训和顶岗实习相融合，教室教学、实训区教学和工地教学相融合，专业知识、职业技能和岗位能力相融合，从而极大提高了人才培养质量。

二、课程体系

（一）课程体系开发指导思想（下图）

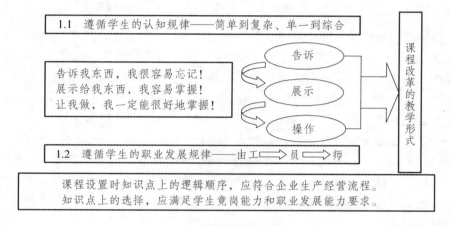

图　课程体系开发

（二）课程体系开发流程

1．专业调研对象（下图）

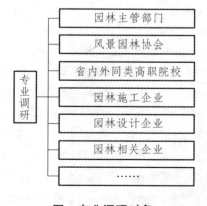

图　专业调研对象

2. 课程开发流程（下图）

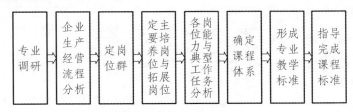

图 课程开发流程

（三）课程体系（下表）

表 园林工程技术专业基于工作过程系统化的课程体系

类型	序号	课程名称	说　明
公共基础课程	1	军　事	训练学生吃苦耐劳的精神、严格的纪律意识和集体荣誉感
	2	思想道德修养与法律基础	培养学生优良的道德意识及行为，为从业的职业道德和从业的合法行为奠定原则和标准
	3	毛泽东思想和中国特色社会主义理论体系概论	基础政治理论课，帮助把握政治气候，进行符合政治要求的社会、经济活动
	4	实用英语	培养外向型综合人才和对外交流的语言基础
	5	计算机应用基础	初步熟悉计算机的操作，为之后进行计算机辅助设计、预决算、招投标和工程项目管理打下基础
	6	大学语文	培养学生的文学修养和文化熏陶
	7	体育	强化身体素质
	8	高等数学	培养学生一定的逻辑思维能力和计算能力
公共基础课程	9	素质教育	强调除知识以外的各方面社会能力的培养和个人道德素质的提高
	10	大学生职业生涯规划	启发学生对未来职业发展以及人生的目标和为达到目标进行的合理规划
专业基础课模块	11	园林工程技术专业导论	了解高等职业教育，认识专业和专业培养目标与计划等
	12	园林识图与制图	是培养学生专业基本能力及行业通用能力的课程
	13	园林艺术基础（艺术审美、构成审美等）	
	14	园林景观计算机辅助表现技法	
	15	园林工程测量	

续表

类型		序号	课程名称	说　明	
专业技术课程模块	专业单项能力模块	16	园林工程项目组织建立	先导课程；完成项目部的组织、建立等	
		17	园林工程土方及基础工程设计与施工	分部课程；完成分部工程从方案设计、扩初设计到施工图设计、施工的过程，完成整个分部工程的工作流程，解决的是分部工程，以满足简单到复杂的认知规律。课程目标是达到单一问题解决能力。所有课程中都要融入设计规范、法律法规、安全文明施工等内容	
		18	给排水和水景工程设计与施工		
		19	园路工程设计与施工		
		20	景石假山工程设计与施工		
		21	园林建筑工程设计与施工		
		22	园林植物景观营造与维护		
		23	园林配套工程设计与施工		
	专业综合能力模块	24	园林规划与景观设计	综合课程；在完成前面单项课程过后，需要进一步达到综合问题的解决能力，甚至是复杂问题的解决能力；针对的是园林工程整体项目	
		25	园林工程计量与计价		
		26	园林工程施工组织与管理		
		27	园林工程资料整编		
拓展课程模块	横向拓展	28	园林景观手绘快速表现	由设计员拓展到景观设计师的课程	设计和施工是园林项目建设的核心过程
		29	建设工程项目管理	由施工员拓展到建造师的课程	
	纵向拓展	30	园林植物生产与经营	苗圃管理人员及行业通用能力训练课程	
		31	建设工程监理实务	监理员及行业通用能力训练课程	
		32	建设工程招投标实务	招投标员及行业通用能力训练课程	
实践训练板块		33	职业技能鉴定	综合实践性训练课程、依托政府、行业、校企合作企业实施	
		34	岗位见习（暑期）		
		35	毕业设计与顶岗实习毕业答辩		

三、各课程介绍

（一）公共必修课程

1. 思想道德修养与法律基础

本课程主要讲授高职学生成长的基本规律，综合运用相关的学科知识，教育和引导学生树立科学的世界观、人生观和价值观，提高爱国主义、集体主义和社会主义觉悟，培养社会公德、职业道德，培养学生树立法律意识，形成法制观念，养成遵纪守法的良好品质。

2. 毛泽东思想和中国特色社会主义理论体系概论

本课程主要讲授毛泽东思想和中国特色社会主义理论的形成发展、科学体系和历史地位，掌握当代马克思主义的基本知识和基本原理，让学生了解我国从革命到建设时期的历史进程，把握我国当代社会发展的规律和特点，培养学生理论联系实际，实事求是，分析问题、解决问题的能力。

3. 实用英语

实用英语课程是高等职业学院的一门公共基础必修课。其主要任务是按照教育部颁发的《高职高专教育英语课程教学基本要求》，使学生掌握一定的英语基础知识和技能，具有一定的听、说、读、写、译能力，从而能借助词典阅读和翻译有关英语业务资料，在涉外交际的日常活动和业务活动中进行简单的口头和书面交流，并为今后进一步提高英语的交际能力打下基础。在加强英语语言基础知识和基本技能训练的同时，重视培养学生实际使用英语进行交际的能力。通过本课程的学习，使入学水平较高的学生达到《高职高专教育英语课程教学基本要求》中的 A 级要求，入学水平较低的学生达到 B 级要求，鼓励学生参加大学英语三、四、六级考试。

4. 计算机应用基础

本课程学习 Windows 操作系统、Microsoft Office 办公软件、计算机网络基础等。通过学习让学生掌握使用操作系统对计算机软硬件资源进行一般管理，使用 Word 进行文档编辑，使用 Excel 进行数据管理，使用 Powerpoint 创建演示文稿，使用 Internet 进行信息的搜索，汉字录入等技能。学生应具有利用计算机进行文字处理、数据处理、信息获取的能力。

5. 大学语文

本课程包括文学基础（含国学经典）与应用写作两部分。根据高职学生实际情况，本着实用、够用、适度的原则，选择适当的教学内容。旨在增进学生对我国传统文化的了解和喜爱，培养提高其文学欣赏水平和审美能力，掌握常见应用文的写作，提高应用文写作水平。

6. 军　事

本课程（含军事理论教学和军事技能训练）以国防教育为主线，以军事理论教学为重点，主要讲授中国国防、军事思想、国际战略环境、军事高技术、信息化战争等。使学生掌握基本军事理论与军事技能，增强国防观念和国家安全意识，强化爱国主义、集体主义观念，加强组织纪律性，促进综合素质的提高。

7. 体　育

体育课程是高职学院的一门公共基础课，是高职学院体育工作的中心，是完成高职学院体育工作的基本途径。其任务是：通过田径、球类、体操、游泳等项目的学习，增强学生体质，达到促进学生身体健康，培养学生的体育能力、良好的思想品德和意志品质的目的，使在校学生达到《学生体质健康标准》要求。

8. 高等数学

通过本课程的学习，使学生掌握微积分基本思想和相关理论，目的是为专业后续课程提供必备的数学基础知识，要求学生能利用一元微积分知识，分析解决相关专业实际问题。

9. 大学生职业生涯规划

本课程主要讲授职业生涯与职业意识的建立、职业发展规划、职业适应与发展、创业教育等主要内容。通过本门课程的学习，激发大学生职业生涯发展的自主意识，树立正确的职业观，促使大学生理性地规划自身未来的发展，并努力在学习过程中自觉地提高职业能力和生涯管理能力。

（二）专业必修课

1. 园林工程技术专业导论

该课程是园林工程技术专业的一门先导课程，目的是使入校新生对园林工程技术专业有一个初步的认识，了解本专业的培养目标，了解园林科学、园林美学、园林设计、园林施工等；同时，了解园林景观设计师、园林工程师等职业的社会责任，进一步认知专业，进行初步职业规划、做好学习准备。

2. 园林识图与制图

该课程是园林工程技术专业基于工作过程系统化课程体系中的一门专业基础课程。课程以园林工程图纸为载体，培养学生的空间思维能力，应用工程制图基本理论完成整套园林图纸识读、绘制的能力，为后阶段的所有专业课程奠定工程技术语言的基础。

3. 园林艺术基础

该课程是园林工程技术专业必修的专业基础课，对于职业能力和职业素质的养成起着重要的支撑作用。通过平面构成、色彩构成、立体构成这种由浅入深学习过程的教学，使学生能系统地学习和熟练地掌握艺术设计美的形式规律、理论，探求无限图形和抽象图形创新需要的造型，培养学生建立大的设计观，注重理论联系实际，动手设计，从而由微观至宏观，从整体而局部，由思维而技能，从整体上发挥构成艺术的综合作用，为学生进一步深造和开拓提供活力，形成"园林规划设计"的专业核心能力，并促进学生方法能力、社会能力的养成，为学生从事相应的岗位工作奠定良好的基础。

4. 园林景观计算机辅助表现技法

该课程属于园林工程专业的专业基础课程，也是一门实践性极强的课程。课程以不同的教学情景为载体，培养学生计算机辅助表达技法的应用能力，为园林景观设计做好必需的辅助作用，也为后阶段设计方向的专业课程奠定设计表达的基础。本课程主要讲授 Photshop、SketChup 和 3D max 软件在园林景观设计中的应用。

5. 园林工程测量

在园林工程技术专业课程体系中，本课程是专业基础课程之一，是多门专业课程的能力支撑课程。本课程主要是对园林测量仪器、方法、数据处理等方面进行系统研究。

6. 园林工程项目的组织建立

该课程以园林工程立项、项目部建立和施工现场管理为载体，让学生对园林工程施工前期现场准备的一系列工作（包括园林工程立项、招投标、项目部组织机构、管理制度、现场安全文明施工临时设施、企业文化展示与宣传等）有一个全面的认知。

7. 园林工程土方及基础工程设计与施工

该课程是园林类专业重要的必修专业课，其以制图、工程测量等为基础，系统阐述园林地形的设计与施工技术，是一门集工程设计与施工技术于一体的课程。

8. 给排水和水景工程设计与施工

给排水和水景工程设计与施工是园林工程技术专业基于工作过程系统化课程体系的一门专业核心课程。课程以园林给排水工程为载体，理论与实践一体化，是工作任务引领型课程，主要培养学生的小型园林给排水管网、园林驳岸护岸工程、园林地面排水工程设计能力，及园林给排水管网、园林驳岸护岸工程、园林地面排水工程、园林给排水构筑物施工中所需要的能力。

9. 园路工程设计与施工

该课程是园林工程技术专业的核心课程，通过本课程的学习，使学生了解园路营建的基本知识，掌握园路工程理论和技术，具备在园林创作中将科学性、技术性和艺术性综合为一体的能力，在从事园林、城市建设等工作中创造出技艺合一、功能全面，既经济实用又美观的作品。

10. 景石假山工程设计与施工

该课程是园林专业重要的必修专业课，其以制图、园林艺术基础课程等为基础，系统阐述了园林假山与景石的设计与施工技术。

11. 园林建筑工程设计与施工

该课程是一门集工程、艺术、技术于一体的课程，主要研究城市园林绿地系统中园林建筑设计与建造的理论和方法。要求学生本着科学设计的精神，以艺术创新为源泉，通过精湛的表现技艺，创造出适用、安全、经济、美观的景观建筑。

12. 园林植物景观营造与维护

该课程是园林工程技术专业的一门综合应用型专业课程。本课程主要是对园林植物的识别、园林植物的造景设计、园林植物栽植的施工、园林植物后期养护管理等方面进行系统研究。

13. 园林配套工程设计与施工

该课程是园林工程技术专业基于工作过程系统化课程体系的一门专业核心课程。课程以园林供配电工程、照明工程、喷泉工程和安防工程为载体，理论与实践一体化，是工作任务引领型课程，主要培养学生的小型园林供配电、园林照明工程、园林喷泉工程设计能力及园林供配电、园林照明工程、园林喷泉工程、安防工程施工中所需要的能力。

14. 园林规划与景观设计

本课程的作用是培养学生熟练掌握园林绿地规划设计的方法，能够独立完成园林规划设计图纸的设计、能够绘制相关的园林设计图纸、编制设计说明、方案汇报；培养学生将方案深化并转化为施工图设计、综合运用之前分部分项的设计和施工知识，完成整套成体系的设计图纸、编排施工图纸、编写设计说明，让学生对园林工程工作过程建立起一个完整的概念；在课程中熏陶学生的设计素养，建立基本的设计思维模式，培养对方案设计和施工技术过程中的问题的发现、分析和解决的能力。

15. 园林工程计量与计价

该课程是园林工程技术专业基于工作过程系统化课程体系中"单位工程"阶段的一门专业核心课程。课程以园林单位工程为载体，完成园林工程中"承接工程项目"这一工作过程中的能力培养，使学生具备分析、研究、解决工程造价管理的能力。

16. 园林工程施工组织与管理

该课程是高等职业技术学院园林工程技术专业的核心课程，它主要研究园林工程施工组织管理的一般规律，是将流水施工原理、横道图和施工组织设计融为一体的综合性学科。本课程主要研究如何根据园林工程具体的施工条件，以最优的方式解决施工组织管理的相关问题。即如何根据拟建工程的性质和规模、施工季节和环境、工期的长短、工人的素质和数量、机具设备装备程度、材料供应情况、运输条件等各种技术经济条件，从经济和技术统一的全局出发，从许多可行的方案中选定最优的方案。从这个目标出发，培养学生具备编制施工组织设计以及现场管理的基本能力。同时注重培养学生良好职业素养和发展潜力，提升吃苦敬业、小组配合、集体作业等职业素质。

17. 园林工程竣工验收与资料整编

本课程以园林企业的工程项目为载体，通过课程的学习和训练，使学生掌握从事园林企业资料员所具备的知识和能力，培养学生对从项目招投标到竣工验收产生的各项资料填写、整理、汇总以及移交的职业能力，同时达到运用资料软件进行资料编制和管理的能力。

18. 园林景观手绘快速表现

该课程是园林专业的必修课程，同时也是基础课程，为后期专业课程奠定基础。

景观手绘图是园林景观设计者的语言，是表现园林具体构想的个性创作。它反映了设计者的思想和社会群众的要求，人们可以从园林景观图上形象地理解设计者的意图和艺术效果。

19. 建设工程项目管理

该课程是园林工程技术专业（大专，学制 3 年）课程体系的横向拓展课程模块。通过建设工程项目管理的学习，培养学生由施工员拓展到建造师的综合素养和能力，为学生提供继续深造和提升的空间和平台。本课程的目的是通过教学使学生在学习技术、经济、管理等相关专业基础课程的基础上，掌握工程项目管理的基本理论和工程项目投资控制、进度控制、质量控制的基本方法，熟悉各种具体管理方法在工程项目上的应用特点，培养学生有效从事工程项目管理的基本能力。

20. 园林植物生产与经营

该课程是园林工程技术专业一门综合应用型的专业拓展课程，主要是对园林植物的生产、繁殖，苗圃和花圃的经营管理等方面进行系统研究。

21. 建设工程招投标实务

该课程是园林工程技术专业基于工作过程系统化课程体系中"拓展课程板块"的一门核心课程。课程以园林单位工程为载体，完成工程中"承接工程项目"这一工作过程中的能力培养，使学生具备相应招标文件、编制招标文件、签订施工承包合同的能力。

22. 园林植物病虫害防治技术

主要讲授园林植物病虫害种类、危害特点及发生规律，掌握农药的合理和安全使用技术，具备正确进行预测预报和开展有效防治的能力。

23. 毕业设计与顶岗实习

该课程是园林工程技术专业岗位能力综合训练课程。课程是以企业实际工作任务为载体，将在学校学习的知识和培养的技能与园林工程项目进行有机结合。

（三）专题讲座

1. 形势与政策

本课程主要讲授学生感兴趣的热点问题、国内外重大事件，内容涉及政治、经济、军事、文化等。旨在了解国际、国内形势和国家的方针政策，指导大学生正确认识国情民情，了解国家的发展方向，树立建设社会主义的信心。

2. 心理健康教育

针对学生思想、学习、生活等方面的常见心理问题，强化学生心理健康教育，培养良好的心理素质。

3. 大学生就业创业指导

本课程主要讲授就业创业意识的建立，就业能力、求职能力的提高，创业教育等主要内容。通过本课程的学习，树立正确的就业观，促使大学生理性地规划自身未来的发展，并努力在学习过程中自觉地提高就业创业能力。

四、课程实施性教学计划

表　园林工程技术专业各学年学期学分分配表

修学类型	课程属性	第一学年		第二学年		第三学年		学分合计	占总学分比例（%）
		1	2	3	4	5	6		
必修课	公共课	14	18				2	34	25
	专业课	9	10	24	16	6		65	43
	综合实践教学		1		4	6	6	19	14
	专题讲座	1	0.5		0.5			2	2
选修课	公共选修课			2	2	2		6	4
	职业方向课（或专业拓展课）			3		12		15	13
合　计		24	29.5	29	22.5	26	8	141	100
占总学分比例（%）		18	19	19	19	19	6	100	

表　园林工程技术专业教学时间分配表

教学活动		学　期						合计
		一	二	三	四	五	六	
军训、入学教育		2						2
毕业教育							1	1
运动会		0.5	0.5	0.5	0.5	0.5		2.5
学期考试		1.5	1.5	1.5	1.5	1.5		7.5
法定大假		1	1	1	1	1		5
机　动			1	1	1	1	1	5
教学周数	理论教学周数	14	15	15	12	12		68
	课程实习周数				2	1		3
	实践教学周数	1	1	1	2	3	18	26
	小　计	15	16	16	16	16	18	97
小　计		20	20	20	20	20	20	120
假　期		5	7	5	7	5		29
合　计		25	27	25	27	25	20	149

注：综合实践训练、教学实习、毕业实习（设计）每天按 0.2 周计算。

表　园林工程技术专业教学进程表

课程属性	修学类型	序号	课程名称	学分	总学时	理论学时	实践学时	课程实习（周）	一 周	二 周	三 周	四 周	五 周	六 周	考核方式
公共课	必修	1	思想道德修养与法律基础	3	48	40	8		4×12						考试
		2	毛泽东思想和中国特色社会主义理论体系概论	4	64	56	8			4×16					考试
		3	实用英语1	4	60	60			5×12						考试
		4	实用英语2	4	60	60				4×15					考试
		5	计算机应用基础	4	60	30	30		5×12						考试
		6	大学语文	3	45	45				3×15					考试
		7	军事	2	96	36	60	2	√						考查
		8	素质教育	2	32	16	16		√	√					考试
		9	大学生职业生涯规划	2	30	24	6			2×15					考试
		10	体育1	1	30	4	26		2×15						考试
		11	体育2	1	30	4	26			2×15					考试
		12	高等数学	4	60	60				4×15					考试
			应修小计	34	615	435	180	2							
	选修	13	公共选修课1	2	28	20	8				√				考试
		14	公共选修课2	2	28	20	8					√			考试
		15	公共选修课3	2	28	20	8						√		考试
			应选小计	6	84	60	24								
			单元小计	40	699	495	204	2							

续表

课程属性	修学类型	序号	课程名称	学分	学时分配				开课学期与周学时						考核方式
					总学时	理论学时	实践学时	课程实习（周）	一周	二周	三周	四周	五周	六周	
基础课程	必修	16	园林工程技术专业导论	1	30	10	20	1	1周						考查
		17	园林识图与制图	5	84	42	42		6×14						考查
		18	园林艺术基础1	3	56	28	28		4×14						考查
		19	园林艺术基础2	3	60	30	30			4×15					考试
		20	园林工程测量	4	60	40	20	1		4×15					考查
		21	园林植物景观营造与维护1	3	48	32	16			4×12					考查
		22	园林工程项目组织建立	1	30	10	20				1周				考查
提高课程		23	园林工程地形设计与土方施工	3	42	18	24				6×7（2-8周开设）				考查
		24	给排水和水景工程设计与施工	3	42	18	24				6×7（9-15周开设）				考查
		25	园路工程设计与施工	3	42	18	24				6×7（9-15周开设）				考查
		26	景石假山工程设计与施工	3	42	18	24				6×7（2-8周开设）				考查
专业课		27	园林景观计算机辅助表现技法	5	90	44	46				6×15				考查
		28	园林植物景观营造与维护2	3	48	30	18				4×12				考试
		29	园林建筑设计与施工	4	60	40	20					5×12			考试
		30	园林植物病虫害防治技术	3	48	36	12						4×12		考试
		31	园林电气安装工程设计与施工	2	30	16	14						3×10		考试

续表

课程属性	修学类型	序号	课程名称	学分	总学时	理论学时	实践学时	课程实习（周）	一周	二周	三周	四周	五周	六周	考核方式
专业课 核心课程		32	园林规划与景观设计	4	60	40	20	2				5×12			考试
		33	园林工程计量与计价	4	72	40	32					6×12			考试
		34	园林工程施工组织与管理	3	48	30	18					4×12			考查
		35	园林工程竣工验收与资料整编	2	36	26	10						4×9		考试
单元小计				62	1 028	566	462								
综合实践教学项目	必修	36	园林工程测量实训	1	30		30	1		√					考试
		37	园林规划与景观设计实训	2	60		60	2				√			考查
		38	建设工程招投标投务实训	1	30		30	1					√		考查
		39	职业技能鉴定	2	60		60	2				√			考查
		40	岗位见习（暑期）	2	120		120	4					暑期		考查
		41	毕业设计与答辩	3	90		90	3					√	√	考查
		42	毕业顶岗实习	6	480		480	16					√	√	考查
单元小计				17	870		870								
专题讲座	必修	43	形势与政策1	0.5	8	8			√						考查
		44	形势与政策2	0.5	8	8				√					考查
		45	心理健康教育	0.5	8	8			√						考查
		46	大学生就业创业指导	0.5	8	8						√			考查
单元小计				2	32	32									

续表

课程属性	修类型	序号	课程名称	学分	总学时	理论学时	实践学时	课程实习（周）	一（周）	二（周）	三（周）	四（周）	五（周）	六（周）	考核方式
职业拓展课	必修	47	园林景观手绘快速表现	3	48	24	24				4×12				考查
		48	建设工程项目管理	3	48	28	20						4×12		考试
		49	园林植物生产与经营	3	48	28	20						4×12		考试
		50	建设工程监理实务	3	48	28	20						4×12		考试
		51	建设工程招投标实务	3	48	28	20	1					4×12		考试
应选小计				15	240	136	104								
单元小计				15	240	136	104								
学期周学时统计									26	27	26	26	24		

总学分 136	其中	学分	比例（%）
	公共课	34	25
	专业课	62	57
	专题讲座	2	2
	公共选修课	6	4
	职业方向课（或专业拓展课）	15	13

总学时 2883	理论教学学时 1217	实践教学学时 1666	理论实践 1217∶1666

注：公共选修课以当期学院实际开出的课程为准，课程实习的学时应在课程总学时和实践学时中体现，专业核心课程为4～5门。

表　园林工程技术专业综合实践教学项目安排表

序号	学期	综合实践教学项目	学分	学时	其中生产性实训项目	学时	实训地点	备注
1	2	园林工程测量实训	1	30	校园某场地测量实训	30	校园	
2		园林规划与景观设计实训	2	60	某小型私家花园设计与施工	60	园林景观设计中心和园林工程施工实训中心	
3	4	园林工程计量与计价实训	1	30	某小型园林工程项目预算	30	园林工程项目管理实训中心	
4		园林工程施工组织与管理实训	1	30	编制某园林工程项目施工组织设计	30	园林工程项目管理实训中心	
5	4	职业技能鉴定	2	60	职业技能鉴定	60	校园	
6	5	建设工程招投标实务实训	1	30	编制某园林工程项目招投标资料一套	30	园林工程项目管理实训中心	
7	5	岗位见习（暑期）	2	120	岗位见习（暑期）	120	校企合作企业	
8	5.6	毕业设计与答辩	3	90	毕业设计与答辩	90	园林景观设计中心	
9	6	毕业顶岗实习	6	480	顶岗实习	480	园林企业	
		合　计	19	930		930		

第五节　教学保障条件

一、专业教学团队与建设建议

（一）基本要求

1."双师"结构的团队组成

课程教学由团队协同完成，团队由一定比例的"双师"素养教师组成，具有合理的职称结构和知识结构，有丰富的学经验和专业实践经验。

2.专兼结合的教师团队

由学校专任教师和来自行业企业的兼职教师组成教学团队。根据专业（群）人才培养需要，学校专任教师和行业企业兼职教师发挥各自优势，分工协作。公共基础课程及教学设计主要由专任教师完成，实践技能课程主要由具有相应高技能水平的兼职教师讲授。

3.专业带头人与骨干教师

专业带头人善于整合与利用社会资源，通过有效的团队管理，形成强大的团队凝聚力和创造力；能及时跟踪产业发展趋势和行业动态，准确把握专业（群）建设与教学改革方向，保持专业（群）建设的领先水平；能结合校企实际、针对专业（群）发展方向，制订切实可行的团队建设规划和教师职业生涯规划，实现团队的可持续发展。骨干教师要求教学经验丰富，专业实践能力强，能及时更新专业知识、把握行业动态。

（二）建设建议

与企业建立长期稳定的合作，建立起专兼结合的教学团队；对在校专业教师进行相应的实践工作培养，完善"双师"教学队伍；加强专业带头人与骨干教师的培养，形成团队的凝聚力，共同完成教学任务和教学改革。在园林工程设计、园林工程施工与管理方向引进和培养专业带头人和课程负责人各 1 名；要求专业教师 90% 以上有"双师"素质；要求 60% 以上有硕士或以上学历；建立 50 人的校外兼职（兼课）教师资源库。

1.强化教师高职理念和职业道德教育

定期对教师进行系统培训，使他们把握高职教育特点与规律，提高运用现代教育技术实施高职教学的能力和水平，恪守职业道德，做到教书育人、为人师表。

2.加强专业带头人与骨干教师队伍建设

长期聘请 1~3 名从事园林工程设计或施工管理方面的具有较高声誉的省内外专家，作为本专业特聘顾问，指导专业建设，带动教学、科研水平的提高；选派 2 名教师到国内一流大学和科研院所进行半年至一年的学习进修，每年选派4名教师到园林企业及行业主管部门挂职锻炼，更新教育理念，提高专业水平，使他们成为专业负责人、重点课程建设负责人和专业骨干教师。

3. 加强双师素质教师队伍建设

按校企人员互派的思路，积极创造条件，每年企业派相应专业技术人员来校从事相应教学工作，每年派2~4名青年教师到相应企业从事园林设计、施工、招投标和园林植物养护方面的工作，每年到企业工作不少于3个月，直接主持或参与社会实际项目不少于1项。

鼓励并支持专业教师积极参加相应执业资格考试，考取注册风景园林师、注册景观设计师、注册规划师等执业资格证书，加强"双师型"教师队伍的建设，使专业具备"双师"素养的教师占专任教师总数的比例不低于90%。

4. 构建专兼结合的专业教学团队

从企业聘请2名主持省、市重大园林项目的一线园林设计或施工管理工程师为本专业教学团队技术专家，带动团队建设工作；聘请园林设计、施工及现场管理、园林植物栽培与养护方面的专家各2名，指导实验实训、师资培养及课程改革；聘请合作企业技术人员（项目经理、工程师、设计师、花卉苗木生产主管）25名左右为本专业兼职实训指导教师，指导学生进行生产性实训，与合作企业建立兼职教师资源库。兼职教师承担课时比例在35%以上。

二、专业实验实训条件基本要求及建设建议

1. 基本要求

为保障专业课程的顺利实施，完成学生技术能力的培养，满足企业用人需求，学校与企业合作，在校内外建立各项课程所需实验实训条件，建成集园林工程设计、施工、现场管理、招投标、合同管理、资料编制、园林植物生产与养护为一体的实训基地；与企业共享，成为从业人员的培训基地。

2. 校内实训基地配置基本要求（详见下页表）

3. 校外实训基地

依托行业，与业内优势企业合作，构建校企合作网络，为学生提供生产性实训基地和顶岗实习场所，同时为"双师型"教师挂职锻炼、师生科研与技术服务提供场所。在进行校外实训基地建设时，要结合专业培养的就业岗位和岗位群，分别选择园林绿化设计单位，园林植物生产企业，园林工程施工、项目管理咨询服务、监理等企业，这样才能全面满足协岗、定岗、顶岗实习的需求。建立校外实训基地后，应该完成相应校企合作管理制度及运行机制。

表 校内实训基地配置

实训基地分类	实验实训室名称	实训设备	面积（工位数）	实训功能	备注
园林工程材料展示中心	工程材料、标本展示室	工程构造展示室、工程施工技术、施工工艺展示室；实训所需工具和材料	200 m²（提供50个工位数）	承担园林工程材料与构造、园林工程设计及相关课程的实训教学任务；承担环境艺术和装饰专业构造和施工的实训教学任务	通过对常用的园林工程材料、建筑节点构造、建筑结构层次、园林工程施工技术，园林工程施工工艺的展示，让学生对具有较为直观的认识，在专业核心课程的学习与后期设计、施工中对材料合理运用
	园林小品展示室	小品材料及展示柜	100 m²	承担园林景观设计和建筑小品设计课程的实训教学任务；承担环境艺术和装饰专业设计课程的实训教学任务	
园林景观设计中心	设计工作室	计算机，配套相应的软件及仪器设备	160 m²（提供100个工位数）	承担园林规划设计及工程设计等相关课程的实训职业方向教学任务；承担园林设计职业方向教学任务	利用计算机辅助设计软件，按照园林规划设计流程，能根据具体的园林地形、地貌进行园林景观规划图、施工图、效果图的设计绘制，运用多媒体进行演示、讲评
	模型制作实训室	模型制作相应的材料及设备	160 m²	承担园林设计相关课程的教学任务；承担专业设计类课程教学任务	进行设计方案的模型制作，运用多媒体进行演示、讲评
园林工程施工中心	工程现场项目管理实训室	计算机，配套相应的软件及仪器设备	200 m²（提供100个工位数）	承担工程管理课程教学实训任务	能完成工程设计、预算、施工组织设计，能模拟投标、开标、评标等工作任务
	资料整编实训室	资料整编相应的设备及资料	50个工位数	承担资料课程教学实训任务	

续表

实训基地分类	实验实训室名称	实训设备	面积（工位数）	实训功能	备注
	监理实训室	工程监理相应的设备及用具	50个工位数	承担工程监理拓展型课程的实训任务	
园林工程施工实训中心	工程施工实训场	配备供学生现场施工仿真实训之用的机械器具	建筑面积2 000 m²	满足园林工程施工、工种实训与园林工程施工的仿真鉴定要求，满足实训要求	通过对园林工程施工中所需工种的动手能力和职业素养的训练，具有常规的园林建筑（亭、廊、花架等）、水景、堆叠假山、园林道路、给排水系统、喷灌系统等专项施工安装场地，能在实训基地内进行一般园林工程项目施工操作现场管理全过程的仿真实训
园林工程设计、项目管理实训中心	工程设计、预算、施工组织设计实训室	在计算机中心专业机房的基础上配置相应的软件	具有100名学生同时实训的工位数	承担工程预算和施工组织设计类课程教学任务	运用相关软件及资料对园林工程项目进行设计、预算等，编制施工资料等，并能对外承接园林工程整理竣工资料及项目管理服务和培训服务
	投标、开标、评标、模拟实训室	配置相应的设备及软件	具有100名学生同时实训的工位数	承担工程招投标课程教学任务	运用相关软件及资料制作园林工程项目招投标文件，模拟开评标流程

表　校外主要实训基地一览

序号	实习基地名称	功　能	可接待人数
1	成都大众园林建设有限公司	协岗、定岗、顶岗实习	25
2	成都华西生态建设开发集团有限责任公司	协岗、定岗、顶岗实习	20
3	成都三邑园艺绿化工程有限责任公司	协岗、定岗、顶岗实习	20
4	四川省绿中绿生态园林工程有限公司	协岗、定岗、顶岗实习	20
5	四川润成建设咨询监理有限公司	协岗、定岗、顶岗实习	10
6	成都绿保园林有限责任公司	协岗、定岗、顶岗实习	10
7	成都金鑫景观园林有限公司	协岗、定岗、顶岗实习	10
8	成都伟峰生态园林工程有限公司	协岗、定岗、顶岗实习	20
9	成都惠美花境园艺工程有限责任公司	协岗、定岗、顶岗实习	10
10	四川省绿丹园林有限公司	协岗、定岗、顶岗实习	10
11	成都花都先锋园艺有限公司	协岗、定岗、顶岗实习	15
12	成都苗夫现代苗木科技有限公司	协岗、定岗、顶岗实习	30
13	成都传化现代农业科技有限公司	协岗、定岗、顶岗实习	10
14	成都绿茵景观园林工程有限公司	协岗、定岗、顶岗实习	10
15	成都市芊卉园林工程有限公司	协岗、定岗、顶岗实习	10
16	四川新亮点景观园林工程有限公司	协岗、定岗、顶岗实习	10
17	温江光建园艺种植场	协岗、定岗、顶岗实习	10
18	成都市祥和花卉园林工程有限责任公司	协岗、定岗、顶岗实习	10
19	四川星志环境艺术工程有限公司	协岗、定岗、顶岗实习	10
20	成都欣绿园林工程有限公司	协岗、定岗、顶岗实习	10
21	成都万亿花卉有限公司	协岗、定岗、顶岗实习	10
22	四川茗铂农业开发有限公司	协岗、定岗、顶岗实习	10
23	四川日香桂农业科技开发有限公司	协岗、定岗、顶岗实习	10
24	四川省远景建筑园林设计研究院	协岗、定岗、顶岗实习	10
合　计			320

三、教材与参考资料

（一）教　材

教材的选用要符合专业发展的要求，选用高职高专园林工程技术专业规划教材。另外，并尽可能地自主开发校本教材，并积极要求企业参与教材建设。

（二）参考资料

1. 图　书

为了本专业的学生知识拓展，学院图书馆应有园林工程技术专业相关的专业图书（包括电子图书）供学生查阅，包括城市规划、人文地理、传统文化、观赏园艺、景观设计、园林工程、园林造价等方面的书籍，并不断更新。我院针对园林工程技术专业的现状，分院通过三年建设了一个专业图书室。

2. 数字化资源

应具备的基本数字化学习资源：课程标准、实验（实训）指导书、试题库、核心课程网站等。

四、教学方法、手段与教学组织建议

教师应该积极采用先进的教学手段、利用电子课件讲授知识，鼓励学生利用网络资源查阅有关资料，并根据教学对象的特点和生产实际来合理安排教学活动，根据教学目标的性质和教学内容来选择教学方法。

1. 任务驱动型合作式教学法

以完成某项任务为目标，以小组为单位，组织实施实践教学，适合设计类、施工类专业课程的实践性教学，以及综合实训和顶岗实习。

组建异质合作小组，即由性别、学业、能力等不同的多人（人数可根据需要确定，一般不超过5人）组成小组，围绕某项任务，小组成员在教师的指导下，分工合作、主动参与、共同研究讨论，最后进行合作，完成某项任务。

2. 教师示范法

先由主讲教师为学生进行示范，让学生通过教师的示范而有所感悟。这是实践课最重要的环节，只有经过练习或训练，才能使学生真正得到锻炼，掌握实际操作技能。

3. 现场教学法

将课堂搬到现场，利用现场的实物作为教具，将教学和实际有机结合。这种方式特别适合植物识别、现场施工之类的课程教学。如结合植物的形态特征、生态特性、植物的生长特点和地形条件讲解植物的景观营造实用性，形象生动，并进行对话与交流，使学生获得更多的感性认识。

4. 自主型学习法

以学生的自主定向为前提，以自主探究为活动，实现自主创新。这种方式适合设计类课程的实践教学。教师帮助学生创设自主学习情境，共同制定方案，学生主动地进行个体与集体的探究活动；学生展示自主学习结果，也可以采用学生在课堂上进行成果汇报，教师和同学们一起进行成果的评价，提出一些改进意见的方式。

5. 研究型学习

以问题为载体，以研究为中心，提高学生的创新能力。这适合园林植物应用类课程教学。创设问题情境（如某种条件下的植物布置形式），教师做好背景知识（如园林植物的基本知识和识别能力）的铺垫，学生在教师创设的问题情境中实施研究活动，找出解决问题的正确答案；评价探究成果，即教师进行总结与评价。

6. 一体化教学

本专业有园林工程材料展示中心、园林景观设计中心、园林工程施工实训中心、园林工程设计、项目管理实训中心等理论实践一体的实训室，可实现课堂进实训基地（室），在实训基地完成绘图、读图、材料识别、放线、施工、项目管理等典型工作任务的理论实践一体化教学；还可以利用课程综合实习项目，在实训室建立虚拟的项目部，学生在虚拟的项目部担任不同的角色，培养学生的实际工作能力。通过理论与实践的交互渗透，将理论与实践融合在一起。强调边讲理论边实践、交互渗透、逐渐递进达到螺旋上升的教学效果。

五、 学习评价建议

教学评价方式以评价学生能力提升情况为主，结合授课内容和课题实践训练进行理论知识、技术能力和职业态度的综合考核评定。鼓励学生的应用能力、自主创新以及挑战、质疑。

教师评价和学生自评、互评相结合。关注学生的参与度，对学生的活动过程分析与评价采用"自我参照"，即以学生已有知识和能力作为参照；关注他们的发展水平，以评价的方式作为鼓励学生进步的契机。

1. 教考分离

把教学和考试分开，根据培养目标、教学目的、教学课程标准，建立一套包括试题库、自动命题、阅卷、评分、考试分析、成绩管理等在内的比较完善的考核管理系统。有条件时，建议理论考试部分均可参考考教分离模式进行测试。

2. 实训技能测试

建立以实训技能测试为主的成绩评价体系。

（1）单项技能测试：可以根据岗位职业能力，分解为多个单项技能，并与课程测试相结合。各门课程以此为核心，结合理论测试，建立课程的评价体系。

（2）综合技能测试：根据本专业的就业方向，围绕施工员、设计员、预算员、资料员等进行测试。

六、教学质量监控

1. 教学质量监控体系

教学质量监控建议实施二级监控体系。学院成立有教学督导室，直属教学副院长领导，负责检查各专业的教学质量。各专业相应成立由专业带头人、教研室主任牵头的教学质量监控小组，负责检查教师教案、教学计划、实训计划、实训指导，听课并交流意见，定期举办学生座谈会、同行评教、学生评教等活动，确保人才培养质量。

2. 毕业生跟踪调查及反馈

学院应建立毕业生跟踪调查及反馈制度，学院就业指导中心负责及时了解毕业生、用人单位、企业对学院教学质量的反馈和要求，学院教学工作委员会定期组织毕业生跟踪调查反馈信息分析，归纳专业教学改革意见。建议分院成立教学质量监控小组，每年 3~5 月负责对上一届毕业生和用人单位进行调查，收集、统计、分析反馈信息，形成调查报告，下发至教研室，结合学院教学工作委员会专业教改意见，修改完善专业人才培养方案。

3. 建立人才培养方案的持续完善制度

根据用人单位对人才培养质量的评价和反馈，定期组织分析，建立人才培养方案持续完善制度。当专业人才培养方案实施后所反映出来的培养结果与社会需求不相适应，或者滞后于社会发展时，应及时对人才培养方案进行修订完善；同时根据园林工程技术新技术、新材料、新工艺、新方法，以及新的设计理念、新的审美标准等的发展需要，适时对人才培养方案的课程和课程标准进行调整，使之适应社会对人才培养目标和规格的要求。

第六节　园林工程技术专业活动与专业资源

本节主要介绍园林专业学科的国内外学术组织、学术会议、刊物、大学等专业活动与专业资源。大学生通过了解这些专业活动和专业资源，既可以及时跟踪本领域的动态，也可以及时更新专业领域的最新知识，还可以利用这些专业资源进行课程学习。

一、主要国际学术组织

1. 国际风景园林师联合会（International Federation of Landscape Architecture, IFLA）

该组织于 1948 年在英国剑桥大学成立，总部设在法国凡尔赛，现有 57 个国家的风景园林学会是其会员。IFLA 是受联合国教科文组织指导的国际风景园林行业影响力最大的国际学术最高组织。2005 年，中国风景园林学会正式加入 IFLA，成为代表中国的国家会员。IFLA

每年召开一次全球性年会，轮流在亚太区、美洲区和欧洲区进行。2010 年 5 月，第 47 届世界大会在中国苏州召开，这是 IFLA 首次在中国大陆地区举办年会。

2. 美国景观设计师协会 (American Society of Landscape Architecture, ASLA)

该组织成立于 1899 年，是一个世界性的专业协会，代表全美 50 个州和全世界 42 个国家的景观设计师。景观设计学是关于土地的分析、规划、设计、管理、保护和恢复的科学和艺术，它与建筑学、城市规划学共同构成人居环境建设的三大学科。景观设计师的终身目标是将人的活动，包括城市、建筑、水利和交通等人类工程，与生命的土地和谐相处。全美有 70 多所大学设有景观设计学专业，全世界有 120 多所大学设有景观设计学专业。ASLA 每年都会面向全球征集年度奖项作品评比。ASLA 年度奖项分为专业奖和学生奖两部分，二者都包括综合设计、居住设计、分析和规划、交流和研究等五类奖项。此外，专业奖还包括地标建筑奖，而学生奖还包括社区服务奖和学生合作奖两类奖项。协会每年会举行一次的全球学术交流会议，都是世界范围内的景观设计师与建筑大师云集之时。协会的宗旨是引导、教育和参与，从而得到良好的管理、明智的规划、巧妙的设计，使文化和自然环境最佳融合。

3. 美国风景园林教育理事会 (Council of Educators in Landscape Architecture, CELA)

美国风景园林教育理事会成立于 1920 年，由所有的美国和加拿大的风景园林学教育项目组成。年会在每年的秋季召开，集中讨论近来的研究和学术动向。其通过出版物——《景观学报》和电子版的《设计之网》发表风景园林专业最高水准的相关研究成果。

4. 欧洲风景园林教育大学联合会 (European Council of Landscape Architecture School, ECLAS)

该组织是一个国际性的、非营利性的组织，其建立是基于科学、文化和教育的目标。ECLAS 认为风景园林既是职业活动，也是学术研究。它包括了城市和乡村、地方和区域范围内的景观规划、景观管理和景观设计，涉及保护和增强景观以及从现在和将来的人类利益出发的相关景观价值。

5. 欧洲风景园林协会 (European Foundation for Landscape Architecture, EFLA)

该协会于 1919 年 10 月 25 日在比利时注册。协会的目标是推动欧洲范围内的风景园林学专业发展，向欧盟以及其他欧洲机构进行职业宣传，并提供一个在专业内外积极宣传风景园林师的信息框架，尤其确保高等级的和可比较的教育与职业实践标准的施行。

6. 澳大利亚风景园林师协会 (Australian Institute of Landscape Architects, AILA)

澳大利亚风景园林师协会是一个非营利性的职业机构，以服务其全澳成员的共同利益为建立宗旨。位于堪培拉的全国办公室负责协调成员资格的发放、国会决策的执行以及与作为 AILA 地方成员的各州团体的合作。澳大利亚风景园林师协会提供主要的领导、框架和网络，从而有效地管理和集中澳大利亚风景园林师的学术能力，用于创造一个更加有意义的、更令人愉快的、公正的和可持续的环境。其服务包括倡导、教育、持续的职业发展、交流、环境和社区联络。这些通过《澳大利亚景观》、AILA 的国家和各州网站、《地标》以及国家会议、国家和各州的奖项等方式而进行传达。

二、 国内学术组织

1. 中国风景园林学会

中国风景园林学会，是全国风景园林工作者自愿结成的依法登记成立的学术性、科普性、非营利性的全国性法人社会团体，是中国科学技术协会的组成部分，是发展我国风景园林科技教育事业的重要社会力量，挂靠在中华人民共和国建设部。该学会成立于 1978 年，1989年注册为国家级社会团体，现有 8 个专业委员会、2 个分会，共有个人会员 17 000 名、单位会员 107 个。

2. 北京园林学会

北京园林学会成立于 1964 年秋，是北京地区园林科技工作者的学术性科普性群众团体，是北京市科学技术协会的组成部分，是经北京市社会管理机关核准登记的非营利性社会团体法人。其宗旨是团结组织北京地区园林科技工作者遵守国家宪法、法律法规和政策，坚持实事求是的科学态度，充分发扬民主，开展学术交流和科普活动，继承和发扬我国优秀的园林传统，吸收和借鉴世界先进的园林科学技术，紧密配合市园林行政主管部门的行业发展规划，充分发挥学会人才和科技优势，针对北京城市园林建设，在科技方面起桥梁作用，为把首都建设成为生态健全、景观优美、国际一流的园林城市而努力。其具体开展理论研究、学术交流、成果鉴评、技术开发、技术推广、技术培训、编辑专刊和科普宣传等活动。

3. 广东园林学会

广东园林学会于 1962 年 12 月在广州成立，是广东省风景园林科技及艺术工作者自愿结成的学术性、非营利性的群众团体，是广东省科学技术协会的组成部分。学会现有个人会员648 人、单位会员 49 个，遍布广东省和广州市园林、绿化、环保、花卉、城建等部门和大专院校、科研单位及一些大型园林、绿化企业。学会下设 8 个专业委员会：城市绿化、园林建筑规划设计、园林植物、风景名胜区、盆景、插花、园林摄影、园林经营管理专业委员会；此外，还有花卉协会、盆景协会及插花、兰花和羊城菊花艺术研究会等。

4. 重庆市风景园林学会

学会成立于 1979 年，现有团体会员 74 个、个人会员 310 人，理事 39 人、常务理事19 人，下设秘书处和 7 个专业学术委员会、6 个工作委员会。 学会业务范围为风景园林行业学科的理论研究、学术交流、技术咨询、教育培训、出版刊物。学会具有园林绿化技术咨询甲级资质和风景园林规划设计丙级资质，主办的《重庆园林》内部刊物，经重庆市新闻出版局批准出版，与全国 170 多个大中城市园林绿化科研、教学单位及管理部门进行了交流。

5. 杭州市风景园林学会

学会成立于 1958 年，是杭州市风景园林科技工作者自愿组建的依法登记成立的学术性、科普性、非营利性的群众团体，是杭州市科学技术协会的组成部分，也是中国风景园林学会的团体会员。学会共有园林养护、园林工程、盆景艺术、插花艺术、经济管理、动物、园林机械、花卉、植物、文化艺术、园林设计、城市绿化、植物保护 13 个分会及专业委员会，有个人会员 972 人、团体单位会员 22 个、理事单位 5 个。

6. 四川省风景园林协会

四川省风景园林协会是省内以及中央在川从事城市园林绿化的设计、施工企业、苗圃基地、大专院校、科研等单位以及风景名胜区自愿参加组成的全省性行业组织，是在四川省民政厅依法注册登记的具有法人资格的非营利性的社会团体。其宗旨是：坚持科学发展观，遵守法律法规和国家政策性规定，遵守行业道德风尚和自律公约；在建立社会主义市场经济体制和经济建设的过程中，发挥政府机关与协会的积极有益的中介服务，推进风景名胜区和城市园林绿化行业的健康发展。

三、专业期刊

园林专业期刊主要有《中国园林》《园林工程》《风景园林》《园林》《景观设计 landscape design》《建筑设计导报》《理想空间》《城市环境与设计》《人文绿化》《中国园艺花卉》《温室园艺》《现代园林》《中国绿化》《中国花木交易》《中国花卉园艺》《花木盆景》《林业科技开发》《花木信息》《中国花木商情》《中国园艺商情》《园林花木》《中国花卉报》《中国种业》《上海花木商情》《中国园艺文摘》等

四、专业主要参考书目

（1）关注园林植物景观营造与维护方面的同学，可以参考阅读下表所列书目。

表　园林植物景观营造与维护书目

书名	主编	出版社	出版时间	封面
《园林植物景观设计与营造》	赵世伟、张佐双	中国城市出版社	2001 年 10 月	

续表

书名	主编	出版社	出版时间	封面
《园林植物景观设计》	金 煜	辽宁科学技术出版社	2008 年 4 月	
《园林植物栽培与养护管理》	佘远国	机械工业出版社	2007 年 9 月	
《绿化种植设计》	张金锋	机械工业出版社	2007 年 9 月	
《园林植物造景设计与应用实例经典图鉴》	编委会	中国林业出版社	2010 年 10 月	
《园林植物景观营造手册》	（日）中岛宏著，李树华译	中国建筑工业出版社	2012 年 5 月	
《园林植物景观规划与设计》	胡长龙，胡桂林	机械工业出版社	2010 年 11 月	
《园林植物景观设计与应用》	刘荣凤	中国电力出版社	2009 年 1 月	

续表

书名	主编	出版社	出版时间	封面
《景观园林植物与应用》	聂影，曹灿景	水利水电出版社	2011 年 4 月	
《园林景观植物识别与应用》花卉、乔木、灌木与藤本三册	《园林景观植物识别与应用》编委会	辽宁科学技术出版社	2010 年 10 月	
《景观园林植物图鉴》	闫双喜，刘保国，李永华	河南科学技术出版社	2013 年 2 月	
《图解园林植物造景》	尹吉光	机械工业出版社	2011 年 6 月	
《园林植物造景》	熊运海	化学工业出版社	2009 年 9 月	
《园林植物景观种植设计》	屈海燕	化学工业出版社	2013 年 1 月	
《植物景观规划设计》	苏雪痕	中国林业出版社	2012 年 8 月	

（2）关注园林景观规划与设计方面的同学，可以参考阅读下表所列书目。

表

书名	主编	出版社	出版时间	封面
《园林景观规划与设计》	重庆市园林局、重庆风景园林学组织	中国建筑工业出版社	2007 年 5 月	
《园林植物景观规划与设计》	刘福智	机械工业出版社	2007 年 10 月	
《景观规划设计方法与程序》	尚磊、杨珺	中国水利水电出版社	2007 年 11 月	
《园林景观设计与表达》	刘涛、孙潇、葛文彬	中国水利水电出版社	2013 年 3 月	
《现代园林景观小品艺术》	刘宜晋、刘益、唐毅等	湖南人民出版社	2008 年 10 月	
《园林与景观研究》	同济大学建筑与城市规划学院	中国建筑工业出版社	2010 年 8 月	
《景观园林》	寇贞卫、李中亚	江西美术出版社	2011 年 7 月	

续表

书名	主编	出版社	出版时间	封面
《园林景观设计》	鲁敏、李英杰	科学出版社	2005 年 1 月	
《风景园林·景观设计师手册》	丁绍刚	上海科学技术出版社	2009 年 8 月	
《景观设计方法》	刘刚田	机械工业出版社	2010 年 8 月	
《园林景观设计：从概念到形式》	（美）里德著，郑淮兵译	中国建筑工业出版社	2010 年 6 月	
《园林规划设计》	谷康、严军等	东南大学出版社	2009 年 7 月	
《庭院绿化与室内植物装饰》	孔德政	中国水利水电出版社	2007 年 10 月	

（3）关注园林施工技术与项目管理的同学，可以参考阅读下表所列书目。

表

书名	主编	出版社	出版时间	封面
《园林工程施工技术与管理手册》	康世勇	化学工业出版社	2011 年 5 月	
《古建园林工程施工技术》	刘大可	中国建筑工业出版社	2005 年 9 月	
《园林工程建设现场施工技术》	陈祺、陈佳	化学工业出版社	2011 年 1 月	
《园林工程建设监理》	韩东锋	化学工业出版社	2011 年 1 月	
《园林绿化工程施工技术》	中国风景园林学会	中国建筑工业出版社	2008 年 2 月	
《中新天津生态城园林施工技术与管理》	张立博	上海科学技术出版社	2013 年 2 月	
《园林工程项目施工管理》	陈科东、李宝昌	科学出版社	2012 年 4 月	

续表

书名	主编	出版社	出版时间	封面
《园林施工材料管理》	浙江省建设厅城建处、杭州蓝天职业培训学校	中国建筑工业出版社	2006 年 1 月	
《园林工程施工组织管理》	付 军	化学工业出版社	2010 年 5 月	
《园林工程项目管理》	郭雪峰	华中科技大学出版社	2011 年 11 月	
《园林工程项目管理》（全国高职高专教育规划教材，第 2 版）	李永红	高等教育出版社	2012 年 4 月	
《园林工程施工技术》	邓宝忠、陈科东	科学出版社	2013 年 1 月	
《园林工程施工技术》	郭爱云	华中科技大学出版社	2012 年 3 月	

（4）关注园林预决算的同学，可以参考阅读以下书目。

表

书名	主编	出版社	出版时间	封面
《园林工程预决算》	陈楠、魏文彪	华中科技大学出版社	2012 年 3 月	
《园林工程招标投标与预决算》	王作仁、田建林	中国建材工业出版社	2007 年 11 月	
《园林工程招投标与预决算》	吴立威、周业生	科学出版社	2010 年 9 月	
《园林工程预决算》（高职高专规划教材）	齐海鹰	化学工业出版社	2009 年 7 月	
《园林工程预决算》（园林工程技术指南丛书）	陈远吉、李娜	化学工业出版社	2012 年 1 月	
《园林工程预决算》（全国高职高专教育规划教材，第 2 版）	黄 顺	高等教育出版社	2013 年 1 月	
《园林绿化工程预决算快学快用》	《园林绿化工程预决算快学快用》编写组	中国建材工业出版社	2010 年 1 月	

续表

书名	主编	出版社	出版时间	封面
《园林工程招投标及预决算》（全国高职高专园林类专业"十二五"规划教材）	许桂芳、王梦飞	黄河水利出版社	2010 年 12 月	

五、园林工程技术专业网站

表

编号	网站名称	网　址	简　介
1	中国园林网	http://www.yuanlin.com/	中国园林网是最好的园林行业门户网站，提供园林绿化苗木价格、苗木行业市场分析、苗木供应、苗木求购信息、园林行业知识、园林绿化工程招投标、苗木行情报道、园林施工养护等信息
2	中国风景园林网	http://www.chla.com.cn/	中国风景园林网是风景园林行业、景观设计行业的门户资讯网站，内容覆盖园林规划设计、园林工程、园林植物、园林景观、园林图库、园林科技、风景园林师、花卉、苗圃、城市园林等内容
3	园林学习网	http://www.ylstudy.com/	内容包括园林设计、施工、内业资料、植物栽植、养护、手绘效果图、屋顶花园、园林小品、古典园林、古建筑、造价预算、CAD、Photoshop、SketchUp 及建造师、造价师、研究生考试等
4	园林建设网	http://www.china-landscape.net	园林建设网系国内最具影响力的大型专业园林门户网站之一，致力于打造国内最大的园林行业门户网站，引领园林信息化，网聚天下园林人。中国园林建设网，是中国园林景观行业门户网站，由北京中绿商情广告有限公司和北京中绿园林科学研究院共同主办，目前设有新闻资讯、园林资料、园林教育、园林工程、商务服务、园林湿地、园林论坛等大型频道。网站旨在推广园林文化，促进园林学术交流，展现园林规划设计理念及全球园林信息动态，紧密结合园林、景观环境发展的实际情况，推动园林行业健康发展，搭建园林景观建设供需平台，为中国园林建设事业的发展添瓦增辉

续表

编号	网站名称	网　址	简　介
5	景观设计联盟	http://www.ylwhy.com/	该网站是园林景观设计培训学习网，提供园林景观设计专业资讯及说明，引导园林景观设计规范，提供免费园林景观设计论文及视频教程，专注园林景观设计高端培训
6	筑龙园林网	http://yl.zhulong.com/	筑龙网始终以建筑行业为目标市场，目前拥有全球最大、最先进的中文建筑行业信息资料数据库，为建筑行业产业链上的多类客户提供资讯、招聘、培训、广告等其他线上、线下综合性服务，是全球最大、覆盖面最广、品牌最领先的建筑领域信息网
7	重庆风景园林网	http://www.cqla.cn/chinese/index.asp	提供园林资讯、园林动态以及苗木供求信息
8	盆景中国	http://www.pjcn.cn/	展示中国盆景发展的最新动态、介绍盆景的制作、栽培、养护等知识
9	土人设计网	http://www.turenscape.com/home.php	土人设计由美国哈佛大学设计学博士、北京大学教授俞孔坚领衔创立，拥有600多名职业设计师，由归国留学人员构成设计主体，配备有城市规划、建筑、园林、景观设计、环境设计、给排水、电气、结构等专业人员，主要业务范围包括国土规划、城市规划设计、旅游规划、建筑设计、景观设计等
10	手绘100	http://hui100.com/	最大最专业的手绘网站
11	疯狂园林人	http://www.444.com.cn/	提供最新的资讯、专业论文、景观图库、园林赏析、软件教程、标准规范、设计说明、园林植物、园林景观手绘表现、园林施工、植物园艺、盆景艺术、绿化养护、材质库、园林风水、工程造价、建筑设计、城市规划、室内设计等内容
12	四川园林	http://www.sichuanyl.roboo.com/	提供园林行业最新资讯

第四章 园林工程技术专业教与学

园林工程技术专业是一个实践性很强的专业，教师在教学的过程中要运用适当的教学方法，才能提高教学质量。学生在学习中也得掌握适当的学习方法，才能提高学习效率，达到事半功倍的效果。作为园林工程技术专业导论课程，本章主要介绍园林工程技术专业教学的基本特点、教学方法和学习方法。

第一节　园林工程技术专业教学的基本特点和授课方法

一、园林工程技术专业教学的基本特点

（一）形象思维的自主性

园林学科的特点决定了对园林作品的欣赏和园林作品的设计创作都没有恒定不变的标准，它不同于数理化公式，而是要通过教师的讲解、辅导，借助于学生自己的独立思考和活动，才能懂得作品的含义和造型语言应用。例如，对设计作品的欣赏，即使是同一个老师讲解，但每个学生欣赏所获得的结果是不同的；就算是设计同一个场地，设计的园林要素相同，但是不同的学生表现的形式是不同的，得到的方案效果也是迥然不同的。教师在实施美学教学的过程中必须清楚这一特点，因人施教，培养学生的个性。

（二）脑、手并用的实践性

园林学科内容的特殊性决定了教学必须脑、手并用。这个专业的课程特别强调技能训练，无论是平面或空间技能训练都离不开动手。在课程的运行中，安排了很多技能训练和教学综合实习，都是为了增加学生的动手机会，提高其动手能力。教师在教学过程中，要严格按照教学计划中的学时安排，不得随意缩减技能训练和实习的时间而增加理论授课的时间，从而提高学生脑、手并用的实践能力。

（三）创造性思维的特殊性

园林专业特别注重创造性思维能力的培养。在教学过程中，我们要注意开拓学生的想象力和创造精神。有些课程特别强调创造性的思维，比如园林规划与景观设计课程，进行方案设计就是一个创造性思维的过程。方案设计成果要有创意和新意，才能更容易被认可。创新性思维能力的培养并没有一个固定的范式，学生可按自己的生活经验和知识状况自由发挥。当某门课要求有一定的规范，又与学生的创造性思维发生矛盾时，我们既要求学生按照教师的启发去思考，又要尽可能地发挥他们自己的想象力。

（四）个体操作与集体教学的矛盾

学生来自不同的家庭、社会环境，个人对园林的兴趣、爱好程度差异较大，并且其绘画设计的基础和水平也呈现出较多的不同，而课堂教学的设计一般以集体为主，原则上对全班学生有一定的统一要求和规范，这就自然产生了个体操作与集体教学的矛盾。这一特点提醒教师在课程安排和设计上，要充分考虑到个性操作与集体教学的关系，使所有学生在园林教学的大环境中均能获得发展。

（五）把园林行业规范融入教育中

园林行业有许多规范，如《城市绿化条例》《城市绿线管理办法》《城市园林绿化企业资质标准》《城市绿地系统规划编制纲要（试行）》《关于加强城市绿地系统建设提高城市防灾避险能力的意见》《城市绿化工程施工及验收规范》《公园设计规范》《城市道路绿化规划与设计规范》《城市古树名木保护管理办法》《城市绿地分类标准》《风景园林图例图示标准》《园林基本术语标准》《国家园林城市标准》《居住区环境景观设计导则》等，教师在教学过程中始终要把规范纳入教学中，培养学生的行业规范意识。

园林专业教学的以上 5 个特点，反映了这个专业教学的特殊性，掌握好这些特点是上好专业课的基本前提。所以，园林工程技术专业的专业教师一定要认真分析每门课程的特点，采用不同的教学方法，针对不同的学生因材施教，这样才能达到最好的教学效果。

二、园林工程技术专业教学的方法

园林工程技术专业所完成的内容主要是各种各样的图纸、以图纸为基础计算的工程造价等。每门课程必须要在融会贯通的基础知识上才能很好地完成实训任务。那么如何才能使学生取得很好的学习效果呢？为此，结合园林工程技术专业的特征，我们总结出园林工程技术专业教学中最常用的一些方法。

（一）以语言传递信息为主的方法

语言是交际的工具，在教学过程中，语言是非常重要的媒介。教师与学生之间的信息传递，大多靠书面语言和口头语言来实现。所以，以语言传递信息为主的方法是园林工程技术专业教学中应用最广泛、最基本的教学方法。这也几乎是任何学科、任何专业中必须采用的教学方法。在园林工程技术专业教学过程中，以语言传递信息为主的方法主要有教授法、谈话法、讨论法。

1. 讲授法

讲述是老师向学生描述学习对象，讲解是对某个概念或原理进行分析和解释，讲解的主要特点是以口头语言作为传递知识的媒介，通过教师讲、学生听的方式向学生传递信息。讲授的长处是知识系统、逻辑性强、效率高，但学生往往处于被动状态，缺乏感性知识。运用讲授法时要遵循启发性原则。

2. 谈话法

谈话法是教师根据学生已有的知识和经验，向学生提出问题要求学生回答，或者学生提出问题要求教师解答的一种教学方法。它的特点是师生之间的相互提问，形成信息交流。谈话中提到的各种问题能够帮助学生激活思维，集中学生的注意力，同时使学生在参与中获得、巩固和完善知识。这既有利于培养学生创新性思维能力，也有利于培养学生的表达水平。但是这种方法容易使意见分散，不能形成系统化的知识结构。

犹如往平静的水面扔一块石头，提问会在课堂上引起阵阵涟漪。提问时要注意联系学生实际生活，问题应富有启发性。当学生回答问题有困难时，教师不要急于公布答案，可以提示也可以提出一些辅助性问题或者变换提问的方式，一步步引导学生自己思考和回答。教师要鼓励学生敢于发表不同的意见，从而培养学生的创造性思维能力。这种方法往往适合于有一定专业基础知识的高年级课程的教学。

3. 讨论法

讨论法是教师指导学生以班级或小组为单位就某一个课题各抒己见、相互启发、最终解决问题的为一种教学方法。讨论法是一种有计划、有目的教学探讨。讨论法与提问法有所不同，在提问法中主要回答比较简单的命题，回答过程是在师生之间进行的，有比较多的教师主动因素；而讨论法要回答的是对一比较复杂的综合性命题的理解和认识，需要更多的时间、涉及更广的知识面和更深刻的思考。这种方法适合于没有准确定论的问题，比如园林设计方案，没有一个定量的指标判断对与错，而更多的时候以合理与否来回答，所以这样的课程特别适合于讨论法教学。

4. 研讨式教学

对理论性、知识性较强的课程，可采用研讨式教学，如园林设计基础中"古典园林发展史"的教学，可由教师拟定若干专题或学生提出问题，引导学生查找相关资料后分组讨论、大班讲授、教师总结，并形成书面结论。这种教学方法是教师指导下学生主动获取知识的方法，能有效地调动学生学习的积极性和主动性，提高课堂教学效率，培养学生分析问题和解决问题的能力。

（二）以直接感知为主的方法

园林工程技术专业的一个显著特点是直观形象，需要依靠视觉来进行感知，所以教师合理运用静态和动态图像进行教学，能够收到事半功倍的效果，这也是园林工程技术专业中经常采用的教学方法。不过，以直接感知为主的方法只有与语言传递信息为主的方法合理地结合起来，才能保证教学效果的提高。这一教学方法主要包括演示法和参观法。

1. 演示法（示范法）

演示法也称"示范教学法"，这种方法经常配合讲授法，以示范性地作画进行授课，或运用模型、范画、幻灯片、电影等教具展示给学生，使学生直观形象地获得知识和掌握技法。学生通过直观直觉，在大脑中形成对教师制作、绘画等过程系列表象活动的认识，从而获得深刻的印象。这种方法特别适合于计算机辅助设计课程教学，教师事先确定一个教学任务，按照完成任务的步骤逐步演示，演示完成后，学生按照老师演示步骤重复操作数遍，就能牢牢地掌握完成此任务的方法。演示法中演示的过程和步骤是非常重要的。

2. 参观法

参观法是指教师组织学生到大自然或者社会指定场所，观察、接触客观事物或现象，通过实地考察、亲身体验，获得新知识并巩固已学知识的方法。具体参观地点可以是公园、市政广场、风景区、居住小区景观等。参观过程中教师应该让学生发表自己的意见和看法，认真讨论，返校后进行总结点评，使学习效果得到提升。

3. 现场教学

园林工程技术专业中很多课程如园林树木学、园林植物栽培与养护、园林工程施工技术与管理、园林规划设计等，实践性很强，除基础理论部分外，其余部分应大量采取现场教学，将课堂搬进公园、树木园、施工现场，开展现场直观教学，使理论与实践、教学与生产有机地结合在一起，课堂教学质量会明显提高。如园林设计基础教学实习，集中时间安排到优秀园林景区进行调查、分析、写生、实测绘图等，做到理论与实践融会贯通，会收到事半功倍的教学效果。

（三）以实际训练为主的方法

以实际训练为主的教学方法主要指练习法，这是园林工程技术专业最主要的教学方法。练习法是指在老师的指导下进行的将所学的知识运用于实践，从而形成各种技能的一种教学方法。练习是学生学习的一种主要的实践活动。园林工程技术一贯重视学生的技能训练，不能只是空想，得通过园林设计的语言把所想的东西表达出来；而且这些能力需要通过必要的练习才能发展起来。学生没有训练，就体会不到园林工程的技艺，更不会对园林的内涵有深刻的理解。以实际训练为主常常采用的方法有：

1. 仿真实训教学法

根据教学需要组织学生到校内实训基地——园林工程实训场按生产工艺、技术标准及实际施工程序开展仿真施工训练。由学生完成从方案设计图→施工图设计→编制施工图预算→编制施工组织设计→仿真实训场现场施工→工程竣工验收等仿真实训过程。

2. 项目教学法

在园林工程施工技术与管理、园林工程预算等课程教学中，为培养学生的实际操作能力，可采用项目教学的方法。以园林工程概预算实训为例，由教师指导学生根据预算原理和方法，以项目为导向按"设计图阅读→列出工程量清单→查找定额→编制预算书"完成教学内容的学习。

（四）以欣赏活动为主的方法

以欣赏活动为主的教学方法，是指教师在教学中创设一定的情景，或利用教材的内容、学生作业和艺术形式，使学生理解、领悟美术的实质和内涵，达到提高学生的表现能力、审美能力目的的教学方法。在美术欣赏和评述活动中，教师要尊重学生，让他们自己表达自己的感受和想法，不可强迫学生感受艺术作品时遵从某种固定的模式。

（五）以引导探究为主的方法

1. 启发式

这是相对于以往的注入式教学而言的。启发式教学认为，教师教的本质在于引导。而引导实质上是教师对学生的一种启发；同时，教学过程的本质并非教师教学生的过程，而是师生交往、积极互动、共同提高的过程。启发式教学十分强调实施教学民主，以建立起一种新型师生关系。

2. 探究式

传统教学方法受知识本位观的影响，教师主要是讲授、谈话、演示和示范，学生主要是听练、练习实习和独立作业等，教学主要是传授——接受。

3. 自主式

传统教学方法重教轻学习，甚至认为教学的方法是教师为完成教学任务、实施教学目标，在教学的过程中所采取的一系列的方法措施。自主式教学主张让学生成为学习的主体，提倡"以学生为中心"，使学生理解学习的过程，训练学生科学的思维方式，培养学生的探求精神和创造能力。

三、园林工程技术专业的考核特点

传统的考核中，各门课程理论考试全部以笔试考核为主，学生机械记忆一些知识点，往往可以考出较高的成绩，但容易出现高分低能现象，学生的实际操作能力没有提高。现在，根据专业与课程的特点，相应加大了技能考核的比重，学生学习成绩以技能考核为主，并且与国家职业技能鉴定接轨。首先制订相应的技能考核方案，把学生应掌握的技能分解成"任务"，然后对学生的学习态度、知识综合运用能力、实际操作能力和水平、与人合作能力和实训项目的完成情况进行全方位的考核，真实有效地考核了学生的职业素养和能力。

第二节 大学生学习的特点与方法

一个人从中学到大学，逐步迈入复杂的社会，真正开始学习如何面对竞争和合作、如何在社会上找准自己的位置、如何实现自我全面发展的问题。大学阶段是人生一个的重要阶段，是人生成长、知识积累、能力培养和性格塑造的关键时期。在大学里，学生将接受专门教育，主要内容包括专业的基本理论和基本技术。此外，人的和谐发展与完善人格的形成也需要专门的教育，这需要与大学人文环境相结合。大学不仅向学生传授专业的科学知识，还要讲授人文知识。大学是小舞台，但也是人生的大舞台之一。如何利用好人生的这个专门舞台，学好专业知识、规划职业人生，是每个学生成为一名全面发展的高级专门人才所必须解决的问题。对园林工程技术专业的学生来说，还必须关注和解决科学技术的发展给人类带来繁荣物质生活的背后所伴随的环境污染、生态破坏等问题。当然，我们所学的园林工程技术专业正好可以改善环境污染和生态破坏带来的问题，为此，必须在专业和职业的社会活动中，培养环境和理论的价值观，正确处理人与人、人与社会、人与自然的关系。

一、大学学习环境的特点

大学的校园环境、文化氛围等与中学相比，发生了很大的变化；大学的管理制度和组织形式，也与中学有很大的差异；大学阶段的学习与中学阶段相比，在学习内容、学习方法等方面更是不可同日而语。另外，同学们从中学进入大学，人生角色发生了很大的变化，如生活方式、学习方式、交往方式等。迅速适应这些变化，尽快了解和掌握大学学习的基本规律，缩短从中学进入大学的"不适应期"，是摆在每一名大学新生面前的首要问题，也是大学生最重要的职责和使命之一。

（一）大学的特点

随着科学技术的迅猛发展，经济水平的不断提高，大学的作用也日益被人们所认识，逐渐成为知识经济的核心，成为技术创新、文化创新和观念创新的主要摇篮，成为培养专门高级人才、发展现代科学技术和服务社会经济的主要阵地。

大学最根本的特点是"大"。有人说过，大学之所以成为大学，其根本原因是有大师。具体来说特点如下：

1. 大人生、大舞台

在现代社会，人的职业选择与其受教育背景紧密相连。接受过高等教育的人，毫无疑问，具有更大的能力规划和设计自己的职业生涯，也具有更强的能力去把握社会。大学本身就是一个大舞台，但更重要的是用在这个舞台中所学的知识和培养的能力在社会大舞台上进行表演。高等教育不仅可以使大学生的知识量显著增加，也可以使学生有再学习的能力，而且可以促进大学生道德水平的提高。这种道德水准的提升，主要表现在大学生的职业生涯设计上。大学生在接受高等教育的过程中，逐步学会用思辨的头脑、科学的视野加深对职业本质的理解，学会以社会的发展、进步为标准不断调整、修正自己的职业规划，使自己更好地融入社会。正是在这种不断调整中，大学生的社会责任感和社会道德水平不断提高，逐步完成从以"自我为中心"向以"社会为中心"的转变，这种转变的完成，也就意味着个体实现了真正意义上的"社会成熟"。大学因其深厚的文化底蕴而吸引大批学子，大学新生的到来又为大学的发展注入了新鲜的血液。大学新生既是大学的客人，又是大学的主人。大学生来自国内各个省市，甚至来自不同国家，在这个大集体中观点相互碰撞，思想相互交流，信息相互沟通，共同构筑了这个人生特定阶段的大舞台。

2. 大环境、大视野

现代大学校园弘扬海纳百川、兼容并蓄的思想、教学资源丰富、师资力量雄厚、图书数量众多，学生、教师来自五湖四海，很多观念、文化、科技甚至具有全球的领先地位和水平。这是大学具备大环境、大视野的根本原因。相当数量的大学具有博士、硕士培养权，也具有浓厚的学术氛围和人文环境，更经常举办国际水平的学术交流活动。因此，大学的大视野主要体现在两个方面：一是参与学术交流的机会增多，二是多样化的人才培养模式。

大学是知识密集、人才密集的场所，这种高度集中的特性决定了大学有频繁的学术交流活动。大学里浓厚的学术氛围促使学生就共同关心的话题展开讨论，在这种非正式的交流、沟通中，大学生会听到许多不同的声音，在不知不觉中拓展了自己的学术视野。在大学里，各种学术报告、讲座非常多，大学生可以近距离地感受到学术大家的风范，学到治学的方法和科学的精神，这对学生以后的深造、成才具有重要意义。大学作为社会文化中心、学术中心和科技中心，能够满足社会各方面的指导与咨询责任，帮助社会解决在发展过程遇到的种种理论问题和实际问题。

培养专门人才是大学最基本的职能。大学在培养专门人才的过程中，必然集中大量具有丰富科学理论和方法的专家，设置科类齐全的主要学科，购置先进的科学仪器，收藏丰富的文献资料，扩展广泛的信息来源渠道，创造良好的科学研究范围，为培养国际思维、国际视野和竞争力的一流人才奠定基础。在采用学分制的大学中，大学生除了学习本专业的必修课以外，还可以跨学科、跨专业选修自己感兴趣的课程，学生只要修满规定的学分，就可以毕业。为了更好地促进学生的成长，有些大学之间加强了横向联系，实行学生的双向流动，允许一部分大学生到另外一所大学学习，互相承认学分，有的学生甚至可以到国外一些著名大学中交流学习。有的大学给大学生提供科研经费、提供参与科研的机会或者鼓励大学生创业，按照理论型、应用型和技术型的专业人才培养模式，为大学生的成才提供了广阔的天地。

多渠道的学术交流、多样化的人才培养模式一方面可以使大学生"眼光向内"，学会从一个更高的平台、更科学的角度分析、认识自己的能力和个性特点；另一方面使他们学会"眼光向外"，把本学科、专业的特点同社会对人才的要求结合起来，从中寻找适合自己的学习方法、学习策略。大学生也可以对自己未来的生活、工作、事业、家庭等进行规划，并逐步付诸实践。

3. 大智慧、大知识

大学传授的是高、精、尖的知识，甚至是国际前沿领域的知识。大学所培养的人才，具有高度的逻辑能力、交流能力、创新能力。这对大学生的整体素质，尤其是思维能力、实践能力都提出了较高的要求。因此，大学生在学习理论知识，及在实践中运用和发展这些知识的过程中，其思维能力会得到长足的发展，从具体的感性思维，逐步发展到理性、抽象的思维。虽然大学设置了不同的学科、专业，不同的专业对培训人才的具体标准也有差别，但是培养学生的理性思维能力方面，却具有高度的一致性，体现了"殊途同归"的特点。接受过高等教育的人和未受过高等教育的人的不同，不仅表现在所拥有知识的数量上，更多体现在对知识组织、管理的不同形式上。这种对知识的有效组织、管理的能力就是理性思维能力。理性思维能力具有辩证性、多角度性、多层次性等特点，较中学阶段的简单的一元线性思维模式有着本质的不同。具有这种思维能力的人，目光更敏锐，对事物的本质及其发展趋势的理解、判断更全面、更准确。这种思维方式，无论对治学或处世，都是十分必要的，可以称之为"大智慧"。

大学除了教书以外，还强调育人，帮助学生形成正确的人生观和世界观，强调培养学生的创新能力。未来社会要求人们具有竞争意识、效益意识、国际意识和创新意识。为此，大学必须突出人的进取性和创新精神，使之成为推动社会发展最活跃的因素。创造力是人才的核心，大学教育的目的是要使学生有突破、超越的能力，这是大知识、大智慧的体现。

（二）大学生的特点

按我国的学制，普通高校的大学生年龄一般在 18～23 岁，处于青年发育的中、晚期。因此，大学生的生理发育基本完成，身高、体重、神经系统、智力等方面基本达到成年人的水平，但是心理和个性则未完全稳定，同时自我意识膨胀，在一些复杂的问题面前还会产生一些幼稚、片面、狭隘的想法。因此，这些变化既为大学生从事复杂的、繁重的脑力劳动提供了条件，也为大学生的学习、生活等带来一些困惑。

大学生的观察力、注意力、记忆力、思辨力、想象力、抽象思维能力都比较强，能够比较全面地分析问题，容易接受新知识、新思想，不迷信权威，敢于否定过去。但是对一些所谓的"新思想"有可能不加分析和批判，情绪化地全盘接受和盲目崇拜。因此大学生在提高学习兴趣、培养良好的意志和品质的时候，要注意情绪的影响。

大学生的情感丰富多彩，并且不断社会化，情感活动的波动也较大，自我意识显著增加。一般来说，理想的自我是完善的、高尚的，而现实的自我则可能屈服于现实的名利，因而自我的分化必然导致自我的矛盾。这个矛盾解决得好，就会使自我统一起来，形成健康完善的人格；但若不能很好地解决，就可能导致人格分裂，甚至产生严重的心理障碍。

大学生的兴趣广泛，不仅有旺盛的求知欲，而且会形成中心兴趣，并把这一兴趣与理想、未来职业等联系起来，围绕某一专业广泛地涉猎知识；同时，价值观、人生观和世界观也不断地完善，理想和信念逐步巩固，个性心理特征、性格、气质等基本稳定下来。因此，大学生在生活和学习中，要更好地控制自己，处理好人际关系，预防抑郁症、焦虑症等心理疾病的发生。

（三）大学与中学教育的区别

大学给学生提供了更多的自学空间和条件，个人可以利用大量的课余时间去学习去钻研，也可以去娱乐甚至参加一些不健康的活动，一切全靠自觉；大学有众多的学生团队和丰富多彩的社团活动，但是个人也可以选择独处和隔离。在中学，某个人可能是众星捧月，每次考试第一，每次都有奖励，到了大学则可能只是一个非常一般的学生，没有什么突出于人的地方。大学与中学的学习有显著的不同，其中，最根本的不同是大学学习是研究性的学习，如果说中学是"要我学"的话，大学则是"我要学"。大学阶段与中学阶段相比，学习的主动性、目的性不同；学习知识的广度、深度不同；核心课程体系不同；教学方法、学习方法也不同。

1. 教学目的和学习目的不同

中学主要是传授基础科学、文化知识，本质上是一种中等水平的普通教育和基础教育，是为广大学生的继续深造和就业做一般性的基础文化知识准备，基本没有考虑未来职业的具体要求。大学教育则主要是一种按专业分类的专门教育，其教学目标是瞄准未来社会生产建设和社会发展的实际需要，尽可能照顾到未来具体职业的特殊性。因此，大学教育是培养高级专门人才的成才教育，是培养高级专门人才的一种社会活动。大学所传授的知识既有专业基础知识，又有专业知识；既重视实际动手操作技能的培养，又有本学科研究前沿的最新成就和动向的介绍与探索。大学所培养的人才既有学术型、研究型，也有应用型、技术型。大学的学习方法也与中学不同，大学的课堂教学已远不是知识和应试技巧的传授，而更多的是引导性质的、探讨性的，甚至是质疑性的；而学生的学习目的和动机更加明确，学习的主动性也更强。

2. 教学内容深度和广度不同

中学的教育内容是多科性、全面的、不确定方向的，内容也相对比较浅显，而大学的教学则是一种基本定向的专业教学，无论是专业知识，还是课程体系的深度和广度，都是中学所不能比拟的。大学还提供了大量的选修课、辅助课、第二学位课程等交叉学科的课程，实行完全意义上的学分制。

3. 教学方法不同

中学阶段，学习主要依赖老师，因此很少注重个体的差别化教学，学生"放单飞"的机会少。大学则大量地使用分层次教学，大学要"自己走"、"放单飞"。在大学的学习过程中，既有大课堂的数学、英语类理论教学，也有到社会和企业进行锻炼的实践教学；既有统一进行的课堂教学，也有体现个人能力的综合性、设计性的实验教学和一人一题的课堂设计，甚至还有在教师的实际工程、科研项目中进行锻炼的教学和学习机会。

4. 教学上的要求不同

中学要求"吃透书本"，强调把教学大纲规定范围内的教学内容背得"滚瓜烂熟"，甚至达到"炉火纯青"的地步；大学则主要在于获取新知识，培养继续学习的能力。与获取知识相比，能力的培养和素质的提高无疑是更重要的。特别是高等教育的信息化导致新的教育技术革命，高等教育的教学手段、教学目标、教学内容、管理方法等发生了质的飞跃，学生不必受统一教材、统一进度、统一知识获取方式的制约，可以自由驰骋。

因此，从中学生变成大学生，不仅在年龄上、生理上、心理上发生了大的改变，更主要的是从需要家长和老师呵护的未成年人转变成了或者即将成为完全独立的国家公民。大学生们要做好充分的思想准备，及时调整心态，尽可能快一些、好一些地完成这个转变。

二、大学学习阶段的主要问题

刚进入大学阶段，是人生的"断奶期"。因此，也容易发生一些问题。生理疾患、学习和就业压力、情感挫折、经济压力、家庭变故以及周边生活环境等诸多因素，是大学生产生心理问题的原因。这些问题累积起来，会发生非常大的危害。据北京高校大学生心理素质研究课题组的报告显示，有超过 60% 的大学生存在中度以上的心理问题，并且这一数字还在继续上升。2004 年，华中科技大学社会学系采取分层抽样调查方式，对 1 010 名大学生的自杀意念与自杀态度进行了调查，结果发现有轻生念头的学生占 10.7%。大学阶段发生的主要问题有以下几个方面：

1. 原有的优势丧失造成心理失落感和自卑情绪

我国相当多的大学生在中学阶段都是佼佼者，大都习惯于领先和胜利，手捧通知书迈进校门时的基本心态更多是自信和得意。然而，进入大学后，由于比较的参照系发生了变化，好比小池塘里威风惯了的小鱼游进了大海，没有任何的优势，原有的自信受到了不同程度的挑战。原来总是班里前几名，现在可能排到中游甚至下游了。另外，从农村进入到繁华的都市，现代文明的强大冲击，使他们产生了精神眩晕，使他们感到十分自卑。还有一些人看到其他人有的会弹琴、唱歌，有的会写诗、画画，有各种文体专长，兴趣爱好众多，待人接物成熟老练，相比之下，自己似乎一无所有，十分苍白，自卑感油然而生。因此，要正确看待个人的优势和弱点，保持良好的环境适应能力，包括正确认识大环境及处理个人和环境的关系，对这些优势的丧失要辩证地、客观地分析和对待。

2. 无法适应紧张的大学生活

在高中阶段，是以学习（分数）为中心，为了迎接高考，许多同学学习非常紧张，老师也经常加码，书本之外的活动几乎都被取消，高考的弦绷得不能再紧了。一些中学老师为了安慰和刺激同学，常说大学里学习很轻松，只要熬过高考关就好了。这使一些同学产生了不恰当的期望，甚至把考上大学作为人生的目的，进入大学就以为"船到码头车到站"了，以为大学学习是轻松自在的，对学习方面可能出现的问题毫无思想准备。事实上，一年级是基础课阶段，课程量虽不如高中，但也还是比较重的。一些一心想进大学喘口气、轻轻松松的同学，由于自身心态的原因一下子适应不了，加上大学学习方法方面的变化，顿感学习压力很大，甚至不堪重负，情绪一落千丈，整个生活变得灰暗起来，心情十分压抑。

3.“问题”学生增多

大学扩招后，学生素质参差不齐，教师因材施教、因人施教的难度加大，教师所受的压力空前增加，而且由于社会的变化，贫困与自卑型学生、单亲家庭型学生、独生子女型学生、娇生惯养型的学生、骄奢淫逸型的学生大幅度上升。新生刚告别了熟悉的一切，来到了一个陌生的环境，一方面充满激情、自信和好奇，但青春期的特点又使内心很敏感和细腻，怕受伤害，不愿轻易表露自己，自我封闭倾向明显。内心愿望多，实际行动少，和周围人的关系大都不远不近，若即若离，总是希望别人先伸出友情之手。这样，不少同学感到，大学里知音难觅，缺少温暖，深感孤寂，于是十分怀念中学时光，产生一种怀旧情绪，甚至把自己沉浸在过去的思念中，每天关心的只是能否收到老同学、老朋友的信，减退了投入新生活的勇气和热情。

三、专业学习

专业学习是大学生最主要的任务。我国高等学校教育心理工作者的大量调查分析表明，大学一年级新同学存在学习方面的问题，主要表现为：因就读的专业并非自己的兴趣所在，或对专业不了解，于是缺乏学习热情和兴趣，学习态度消极；对大学的教法和学习方法感到茫然，甚至无所适从。因此，及时转变学习方法，适应大学的教学法和学习方法，培养对专业的兴趣和热爱是大学生顺应新环境必须作出的选择。

（一）学习的本质与特点

心理学研究发现，人和动物的行为有两类：一类是本能行为；一类是习得行为。广义的学习是指人和动物在生活过程中，凭借经验而产生的行为或行动潜能的相对持久的变化。著名行为主义心理学家斯金纳对小白鼠在迷箱（一种特别设计的类似于迷宫的箱子）中的进食行为进行研究后认为：学习的实质是一种反应概率上的变化，而强化是增强反应概率的手段。如果能够正强化（如教师对学生进行表扬）某种操作行为，则学生会自觉或不自觉地增加反应（即学习）发生的概率。为了提高学习效率，学生必须获得反馈，知道结果如何。例如，一些学校所制定的教学规章和制度规定了适合的强化时间和步调（如教师必须按时批改作业，学生必须及时提交实验报告），这是学习成功重要的一环。

人的学习是一种有目的的、自觉的、积极主动的过程，大学生的学习是在教师的指导下，有目的、有计划、有组织、有系统地进行的，是在较短的时间内接受前人所积累的文化科学知识，并以此来充实自己的过程。大学阶段的学习，不仅要掌握知识和技能，还要培养行为习惯，以及进行素质塑造和人格培养。

园林工程技术专业的大学生，其学习内容上的特点是专业化程度较高，职业定位方向性强。这个专业的学生毕业后，绝大多数要在园林设计、园林施工企业从事与自己专业相关的职业活动，为社会服务。另外，园林工程技术专业还要求实践知识丰富、动手能力强。各个学校的园林工程专业培养计划一般都安排了实验、实习、社会调查、设计等方面的环节和内容，就是为了达到这个目的。

大学学习的特点还体现在学科内容的高层次性和争议性上。园林工程技术专业的大学生在专业学习中，不但要掌握本专业学科的基础知识和基本理论，还要尽可能了解这些学科的最新研究成果及其发展趋势。这些专业课程的内容起点较高，视野较宽，甚至有些内容已处于本学科的发展前沿，可能是一些尚未定论的学术问题。这样的学习内容有争议或者不完全正确，但可以开拓学生的专业视野，激发学生的智力活动，培养学生的科研兴趣，增加对专业的热爱等。

（二）学习动机的激发和培养

大学生的学习活动都是由一定的动机所激发并有一定的目的的。奥苏伯尔在其《学校学习》一书中提出：学校情境中的成就动机主要由 3 方面大的内驱力组成，即由认知能内驱力（如好奇心）、自我提高内驱力（如为了获取经济地位和名声）和附属内驱力（如家长和教师的赞赏）组成。根据山东大学的一项调查表明：在大学新生中认为自己高考复习的学习动机是"报答父母恩情""争口气"的占 91.3%；而在大学二年级学生的调查中，则有 89.5% 的学生认为自己的学习动机是"做一个对社会有更多贡献的人"、"在×××专业领域要有所建树"。

我国在校的本专业大学新生中，虽然大多数对园林工程技术专业有所了解，但也有相当数量的学生是并非出自个人意愿而被调剂录取的。因此，不少大学生，尤其是刚入学的学生都有专业思想不巩固的问题，但随着年级的升高，以及对所学专业的日益加深，他们认识到所学专业在国民经济和社会活动中的地位和作用，认识到园林产业的广泛应用和迅猛发展，从而会逐渐喜欢这个专业并因此而取得很大的成绩。

实践证明，学习动机与学习效果有很大的关系。学习动机强，学习积极性高，往往学习效果好。同时，心理学研究也表明，不仅学习动机可以影响学习效果，学习效果也可以反作用于学习动机。如果学习效果好，学生就会感到在学习中付出的努力与所取得的收获成正比，从而强化学习动机，使学习更加有效。

在专业学习的过程中，要激发更好的学习动机，促使学生潜在的学习愿望变成实际的主动学习精神，需要教师和学生共同努力。从教师的角度讲，可以创设问题情境，实施启发式教学，培养学生对专业知识的热爱，组织学习竞赛等。从学生的角度讲，需要及时调整心态，明确任务；及时更新学习目标，进行合理定位；正确把握个体差异，掌握学习方法；正视社会现实和自身条件，迎接挑战。

（三）学习态度与自我教育

"态度决定一切"。良好的学习动机和学习态度是取得优秀的学习成绩最重要的因素。大学的环境、性质、目的跟中学有天壤之别。培养有创新能力和专业知识的高级人才是现代大学的根本使命，要达到这个目的，最基本的一条是大学生必须"自我教育、自我管理、自我服务"。学校教育、家庭教育、社会教育及"学生自我教育"的目的是使学生焕发对自己教育的自觉性和主动性，如果学生不对自己进行自我教育，无论什么样的教育也是徒劳的。大学的环境优美、信息发达，如果大学生没有自我教育的能力，流连于谈恋爱、泡网吧、踢足球等行为，把这些"副业"当作"主业"而耗费大量的精力和金钱，是非常不值得的。

在中学里，有任课老师、班主任管着；在家里，有父母操心，从学习到生活，到社会事物，一概不用考虑，一心读书就行。在大学里，远离父母，除了要学会照顾自己、管理自己、管好生活以外，更要管好学习。大学老师主要传授学习方法，引导学生进行分析、归纳、推导，知识的获取更多要靠自己去做，要学会培养自己获取知识和信息的能力，即所谓的"学会学习"。有人说"大学是研究和传授科学的殿堂，是教育新人成长的地方"，在这里，学习的概念不仅仅指课堂里的内容、教科书里内容，还包括其他方面，如查阅图书资料、动手设计实验、参加丰富多彩的课外活动及各类竞赛，参与各种集体和社团活动，聆听各类讲座、讲坛、搞社会调查，更可以和同学、师长广泛交往，互相切磋，相互交流。

学生在进行自我教育过程中，首先应加强自我认识的培养，从思想上认清学习的动机和目的，明确知识的重要性和环境带来的压力，利用好大学的各种资源，在老师的启发诱导下积极主动地感知、想象、思考、操作，真正消化知识，实现知识的内化。其次，在自我教育过程中，要重视自我能力的培养，如自学能力、自我督促能力、调节课余时间能力，形成具有创新性、实践性、适应性的综合素质。另外，学习上互相帮助、你追我赶、见贤思齐，充分发挥非正式群体的作用，形成大众学习、相互激励、共同监督的学风氛围。

（四）如何学习好专业知识

要学习好专业知识，不虚度大学的美好时光，除了有良好的学习态度和动机外，科学的学习方法也是不可缺少的，好的学习方法可以起到"事半功倍"的效果。

1. 了解专业，培养志趣

园林工程技术专业是年轻的专业，是一个有发展前途的专业，在新的形势下，专业有新的内涵与发展方向，就业的广度有新的拓展。不能从专业名称上来判断专业的好恶感，要尽快地了解本专业的基本情况，确定可行的努力方向。要振作精神，尽快脱离高考的状态，不要沉浸在过去的喜悦或失意中，一切从头开始，集中精力，迎接新的挑战。实践证明：是否培养了对专业的兴趣和爱好，学习的效果大不相同。就算对专业真的不感兴趣，也完全没有必要自暴自弃、唉声叹气的，学习专业知识是一个方面，能力培养才是最重要的。大学生要培养的能力范围很广，主要包括自学能力、操作能力、研究能力、表达能力、组织能力、社交能力以及查阅资料、选择参考书的能力和创造能力等。总之，培养这些能力都是为将来在事业上奋飞作准备。正如爱因斯坦所说："高等教育必须重视培养学生具备会思考、探索问题的本能。人们解决世上的所有问题使用的是大脑的思维能力和智慧，而不是搬书本。"我们提倡"干什么，就爱什么"，但未必一定要"学什么，就干什么"。具备了能力，就是不从事本专业的工作，也是大有裨益的。

2. 要珍惜时间，做时间的主人

大学四年，既是漫长的，也是短暂的，如果利用得好，可以学很多东西，做很多事情，大学时间也将成为个人美好人生的最重要时期，为以后的人生辉煌奠定良好的基础。但是，如果不珍惜这段时间，"日月如梭"，大学时光一晃就过去了。因为没有良好定位和目标而虚度大学时光的大学生太多了。某著名大学曾经有毕业学生在毕业前夕痛苦地写道："大学四年，醉、生、梦、死各一年。"要成就事业，必须珍惜时间。大学期间，除了上课、睡觉和集体活动之外，其余的时间机动性很大，科学地安排好时间，对成就事业是很重要的。吴晗在《学习集》中说："掌握所有空闲的时间加以妥善利用。"一天即使多利用一小时，一年就积累365小时，四年就是1400多个小时，积零为整，时间就被征服了。因此，首先要安排好每天的作息时间表，哪段时间做什么。要根据自己的身体和用脑习惯安排，在脑子最好用时干什么，脑子疲惫时干什么，做到既调整脑子休息，又能搞一些其他诸如文体类的活动等。一旦安排好时间表，就要严格执行，切记拖拉和随意改变，养成今日事今日做的习惯。

3. 要制订科学的学习规划和计划，掌握学习的主动权

大学学习单凭勤奋和刻苦精神是远远不够的，只有掌握了学习规律，相应地制订出学习的规划和计划，才能有计划地逐步完成预定的学习目标。有人说过：没有规划的学习简直是荒唐的。因此，首先要根据学校的教学大纲，从个人的实际出发，根据总目标的要求，从战略角度制订出基本规划。如设想在大学自己要达到的目标，达到什么样的知识结构，学完哪些科目，培养哪几种能力等。大学新生制订整体计划是困难的，最好请教本专业的老师和教高年级同学。先制订好一年级的整体计划，经过一年的实践，在熟悉了大学的特点之后，再完善四年的整体规划；其次要制订阶段性具体计划，如一个学期、一个月或一周的安排，这种计划的主要根据是入学后自己的学习情况、适应程度，计划应包括学习的重点，学习时间的分配，学习方法如何调整、选择和使用什么教科书和参考书等。这种计划要遵照符合实际、切实可行、不断总结、适当调整的原则。

4. 讲究学习方法，掌握学习艺术

首先，必须做到课堂上认真听讲，提高课堂学习效率，要做到眼到、手到、心到，听、看、想、记全用；注意及时复习，找出难点、疑点，及时消化，及时解决；善于类比与联想，善于总结与对比，注意问题的典型性与代表性，起到举一反三的作用。但是，现在许多大学生依然习惯于"你说我听，你讲我背"。因此，读书时要做到以下五点：

（1）读、思结合，读书要深入思考，不能浮光掠影、不求甚解。

（2）读书不唯书，不读死书，理论与实际相结合，这样才能学到真知。

（3）在学习中，要注意对所学的知识进行分类。要根据分类采用不同的方法：

① 浏览和认知，以掌握知识点、拓展知识面为主；

② 要求理解和熟悉的知识，以领会熟悉为主；

③ 属于掌握并能应用层次的知识，必须重点熟悉、熟透于胸并能自由运用。

（4）注意和同学多交流，多讨论。讨论的好处是学时的印象深刻，不容易忘记，而交流的好处是能用最短的时间学会人家的知识。

（5）多读一些与学业及自己的兴趣有关的书籍，既能广泛地了解最新科学文化信息，又能深入地研究重要理论知识，还能了解社会的发展趋势和人才需求。

四、综合素质的培养与塑造

21世纪是知识经济的时代，学习化、知识化的社会将逐渐形成，作为知识承载者的人才

在社会的各个领域发挥着日益重要的作用。但是，仅有专业知识，而无人文素质的大学生，甚至连人格都不健全的大学生，无论专业知识多么丰富、能力多么强，都只能算一个"局限"的人。古人云："有才无德，其行不远"，说明光有良好的专业知识是不够的。人文素质和科学教育作为大学素质教育的两翼，只有齐头并进，才能相得益彰。目前，市场经济和发展使一些学生、家长普遍存在功利性的"职业至上"论，使一些学生对自己专业以外的知识教育尤其那些与"功利""实用"无直接联系的人文课程缺乏兴趣，以致受过现代高等教育的青年人，往往缺乏批判性的思考、整体观和想象力，人文精神低落，甚至连基本的是非观念都没有。例如，大学校园内普遍存在的学生不文明行为、作弊现象、人际关系紧张、心理脆弱、文化品位不高、自私、心胸狭窄等。出现这些现象，其原因在于他们在素质构成上的不均衡。显然，具有动手能力、创新能力、合作精神的应用型工程师，不仅要有扎实的工程基础，而且要有全面的素质教育。对现代大学生来讲，素质教育不只是知识的传授，更是能力的培养；不仅是智商，还有情商，各方面能力都要得到全面培养。综合素质的培养与塑造应该体现在以下几个方面：

（一）知识结构完善、专业知识扎实

所谓合理的知识结构，就是既有精深的专门知识，又有广博的知识面，具有事业发展实际需要的最合理、最优化的知识系统。诺贝尔奖获得者李政道说："我是学物理的，不过我不专看物理书，还喜欢看杂七杂八的书。我认为，在年轻的时候，杂七杂八的书多看一些，头脑就能比较灵活。"大学生建立良好的知识结构，要防止知识面过窄的单一偏向。当然，建立合理的知识结构是一个复杂长期的过程，宜注意如下原则：

1. 整体性原则

即专、博相济，"一专多通"，"一精多通"。

2. 层次性原则

即合理知识结构的建立，必须从低到高，在纵向联系中划分基础层次、中间层次和最高层次。没有基础层次，较高层次就会成为空中楼阁；没有高层次，则显示不出水平。因此，任何层次都不能忽视。

3. 比例性

即各种知识在顾全大局时，数量和质量之间合理配比。比例的原则应根据培养目标来定，成才方向不同，知识的结构组成就不一样。应逐步学会选择确定专业课及其投入的精力。

4. 动态性原则

即所追求的知识结构决不应当处于僵化状态，而须是能够不断进行自我调节的动态结构。这是适应科技知识发展更新、研究探索新的课题和领域、职业和工作变动等因素的需求。所以，定期浏览一些专业发展信息、阅读专业杂志就显得很有必要。

（二）学习能力较强，适应环境较快

每个人都有自己的优势和劣势，但一个学习能力强的人可以通过训练，弥补他的不足。学生在校期间，最重要的任务就是学习。大学老师讲课时，需要在有限的学时中完成教学大纲要求，很难面面俱到，加上当今科学技术迅猛发展，教师可能还要补充很多课外知识。因此，知识学不完，拥有继续学习的能力是最重要的。学习能力较强还体现在适应环境的快慢上，学习是一个广泛的概念，生活、工作本身就是一门学问，能否快速地适应环境，能否创造性地开拓思路、打开新环境下的工作局面，体现的是一个人的学习能力。综合素质强的人，继续学习的能力也强。上大学的目的是传授方法、训练思维、开拓智慧，能够把所学的理论运用于实际，在工作中能用理论来解决实际问题，在实践中碰到问题能想到理论。

（三）合作精神良好，具备团队精神

没有良好的合作精神和团队精神的人，绝不是一个合格的人才。建筑环境与设备工程专业，培养的是面向应用的实践型工程师。现代大型的工程项目和复杂的工作环境，往往需要依靠团队的力量，团队之间需要良好的沟通和交流、合作。因此，大学生要宽容地看待周围的一切人和事，对自己要求严格，对他人坦诚相待，懂得替他人着想，懂得关心爱护他人，正确对待他人的批评意见，克服自身缺点，适时调整心态，多和同学老师交流，增进人与人的感情与理解。开展丰富的校园文化活动，包括组织和参加文艺、体育比赛活动，有利于这些意识和行为的培养，如演讲赛、辩论赛、篮球、足球、拔河、接力赛、社会实践活动等。大学生应该抓住这些机会，尽可能地融入到集体中去，增进同学之间的交流，搭建彼此交流和沟通的平台，在集体活动中培养团结协作的合作意识和拼搏精神，增强集体荣誉感和归属感。

大学这个平台为什么能塑造人呢？就是因为大家有相同的年龄，有统一的制度，有纪律的约束，有良好的校园文化。特别是校园文化渗透在校园活动的方方面面，它对学生的思想道德建设具有导向、熏陶、约束、激励、凝聚等方面的作用，不仅对学习、生活、心理起到了良好的调节作用，而且对规范学生的行为习惯、促进学生全面素质的提高也起到了潜移默化的作用。"学校的墙壁也能说话"，大学校园在培养学生的交流能力、合作精神、团队精神方面，发挥的环境育人作用是非常大的。

（四）培养创新、创造、创业的精神

创新包括：创新精神、创新意识、创新思维和创新能力。人类社会发展的历史，就是不断创新的历史。要创新，首先要树立创新意识，要破除创新神秘感。每个正常人生来都有创新的潜能。著名教育家陶行知先生早在 20 世纪 40 年代就提出了"人人是创造之人"的论断。在知识经济时代，创新成为人才最重要的素质之一。培养更多的创新型、创业型、复合型的社会需要的高层次人才，营造良好的创新创业氛围，强化大学生的创业意识，提高创业者的综合素质，需要通过以学生自主性活动为主的实践来实现。大学生应该努力培养自己的创新能力、创造能力和创业精神。创业是指用创新精神去开拓一种新的企业、产业或职业。因此，创业带来的直接结果就是新的企业、职业、产业的出现，而一个新的企业的诞生、一种新的职业的产生或者一个新的产业的兴起，对地区经济社会的发展则起着重要的推动作用。创业本身就是一种创新，有人把创业者所必备的素质要求总结为"十商"，即：德商、智商、财商、情商、逆商、胆商、心商、志商、灵商、健商，这10种能力素质较为全面地概括了创业者的综合素质能力。创业教育作为高等教育发展史上一种新的教育理念，是知识经济时代培养大学生创新精神和创造能力的需要，是社会和经济结构调整时期人才需求变化的要求。现在，很多大学都非常重视学生的"创业教育"，开设一些"商务沙龙"之类的创业平台。但是，创业并不是头脑发热的"下海"，也不是普通的专业性比赛或科研设计，而是要求学生能结合专业特长，根据市场前景和社会需求搞出自己的创新成果，并把研究成果转化成产品，创造出可观的经济效益，由知识的拥有者变成为社会创造价值、做出贡献的创业者，其本质是"知识就是力量"，把知识转化成生产力。

（五）人格健全，心理健康

健全的人格、良好的心理素质已成为素质教育最基本的要求。据相关部门统计，全国25%～30%的在校大学生有不同程度的心理障碍，6%～8%的在校大学生有心理疾病，而大学生由于心理失衡而引发的惨剧更令人触目惊心。由于经济、学业、情感、就业等引起的心理失衡乃至人格分裂和行为障碍，已成为扼杀大学生成才的极大阻力。我们应倡导自信、自强、友善、诚信的生活理念和健全的人格，鼓励大学生自立自强、乐观向上、艰苦奋斗、逆境成才，以正确的心态对待生活困难和社会各种现象，化生活困难为学习动力，接受价值观念多元化的趋势，化解由腐败、贫困差距产生的对社会的仇恨，靠自己的努力创造辉煌的明天。事实上，现在各高校都有相当数量的心理辅导教师，可以有效地帮助大学生疏解压力、稳定情绪，大学生应学会实时求得帮助。

第三节　园林工程技术专业的学习方法

一、园林工程技术专业人才的特点

（1）园林行业的就业领域：城乡建设与园林管理部门、房地产企业、园林设计、施工、项目管理等企业。

（2）园林行业的工作内容：规划、设计、施工、养护、种植、预决算、园林工程项目管理等。

（3）园林专业人才的素质要求：

① 在知识结构上，理工与人文交叉。

② 在工作环境上，城市与乡村兼容。

③ 在个人修养上，理性与浪漫交织。

④ 在专业技能上，博学与专深兼备。

二、学好园林专业的主要方法

（1）首先要热爱园林工程技术专业，这个专业本身也是一个有前途的专业；热爱是主动学习的前提，主动学习是学好本专业的前提。当然说得现实一点，学习是为了使自己有一技之长，也是实现自身价值的体现。

（2）打好扎实的基本功，如基础理论、计算机辅助设计和美学修养等。

（3）掌握至少一个领域的专业技能，如设计、施工技术、植物生产与养护、预决算、项目管理等。

（4）博览群书，丰富专业知识面；同时，平时的生活中注意多观察，多思考园林景观，比如走到城市广场，就可以多观察、多思考其设计，做出评价；具体做设计时，可以适当地临摹别人的设计，但杜绝抄袭。

（5）上课认真听讲，力争能够把老师所讲的内容理解透彻并运用于实践之中。

（6）注重实践，努力培养动手能力；多动手做练习，尤其是保质保量地完成基本技能训练、课程教学实习、暑期岗位见习、毕业实习等综合实习项目。

（7）锻炼身体，热爱自然和户外活动。

（8）保持童心，始终对新事物敏感和专注。

园林行业人员的社会责任

作为一个行业，在面对社会时，不仅仅只是追求自身的利益，还应该努力地为社会的发展和进步带来正面的影响；相反，对于其行为活动给社会所造成的负面影响，也应该勇敢承担、负起责任，并提出解决对策。这便是本章提出的主题——"行业的社会责任"。目前，大众对社会责任关注比较多的是企业公司的社会责任。

园林教育者、园林专业的大学生、风景园林设计师、城市园林绿化工作者以及园林施工企业等在园林产业的发展上有着不同的分工，也有着不同的社会责任，本章分别介绍他们各自的主要社会责任。

第一节　园林教育者的社会责任

一、教育者的社会责任

教育与老百姓的生存发展息息相关。无论是国家民族，还是人民大众，对教育的重视都达到了一个空前的高度。在这种情形之下，教育尤其应当肩负起应有的社会责任，对国家和民族负责，对人民大众负责。

（1）教育的对象是人，教育是人学。教育要对受教育者负责，首先应当充满着人性关怀。教育对人负责，应当关注人的能力培养，开启学生的智力，培养学生的能力，发展学生的潜力，"传道、授业、解惑"。人民教育家陶行知先生深恶痛绝的，就是那种"教育等于读书，读书等于赶考"的"消灭民族生存力"的恶行。有教无类、因材施教、循循善诱、诲人不倦……先哲的这些金玉之言，不仅道出了教育的真谛，更体现了对人性的尊重。

（2）真正的教育，是"照料人的心魄"，是"促进人的灵魂的转向"，是"使心灵的和谐达到完善的境地"。因此，教育对人负责，应当更多地关注人的灵魂塑造。真正的教育，应当是爱的濡染，是美的熏陶，是善的弘扬，是真的追求。陶行知先生曾说，"千教万教教人求真，千学万学学做真人"。这句话，不仅指明了育人的方向，更阐释了教育的责任所在。所以，成功的教育，首先体现在走出校门的教育对象，应当是对社会、对民族、对集体、对家庭，有积极性而无消极性、有建设性而无破坏性、有促进性而无倒逆性的人。教育，应当是向善的，应当是向上的，应当是向好的。

（3）教育是社会意志的体现者，肩负着按照社会要求塑造人的使命。教育对社会负责，就必须体现社会意志，必须为社会发展服务。这既是教育的根本宗旨，也是教育的根本任务。始终坚守社会核心价值，成为社会伦理的向导、人类良知的灯塔，充分发挥教育的引领和示范作用，这不仅是教育的责任，也是教育的良知。

（4）为社会发展与变革服务，为社会进步与繁荣作贡献，是教育义不容辞的责任。教育的效果既具有现实性更具有未来性，教育对社会负责，就是要通过对人的培养从而实现为社会现实与长远利益服务，不能一味追求眼前效果，急功近利，而忽视未来效果。当前，切实解决教育的热点难点问题，如促进城乡教育均衡发展、提高教育质量、促进大学毕业生就业等，都是教育对社会尽责的重要内容。

"优先发展教育，建设人力资源强国"是党的十七大提出的重大战略目标。教育唯有肩负责任，方能不辱使命。

二、园林教育者的社会责任

（一）对风景园林教育的思考——从设计行业的需求谈风景园林人才的培养

园林是一门既古老又年轻的学科，虽然园林在我们国家具有悠久的历史和深远的影响，但是我们过去曾经有过的辉煌，不能掩盖我们现代园林建设与发达国家的不足。在此对我国的风景园林教育提出三方面的思考：

（1）由我们学科快速发展、学校盲目扩招引发的思考。随着我国20世纪80年代的高速发展，园林专业得到了快速发展，据不完全统计，现在农林院校几乎都有了园林专业。但发展中也暴露出一些问题，比如盲目扩招与师资配备不足等问题日益凸现。

（2）对培养目标的思考。第一，各个院校缺少明确的特色和风格，教育方向都是偏向大而全，成熟的高校在专业方向上应该有所侧重。第二，中外园林院校在培养目标上有所差异，国外的培养模式是经过几年的大学教育，培养出可以独立工作、成熟的设计人员；而在国内，直到今天一些学校还只是在培养一批设计院的学徒工，这个差异值得我们在学校的培养目标上进行必要的思考。随着社会的进步，西方的大学早已把自主能力作为基本的培养目标，通过系统的训练，使学生逐步认识到园林的建造活动从方案设计到施工的全部过程，充分建立起与各个工种协调的概念，充分培养了基本素质，许多人毕业以后，成了专业事务所的项目负责人。而我们还处在计划时代，把学生的工程学习机会留给了社会，所以大学毕业生走入社会以后，必须还得经历3~5年的学徒工阶段，还需要经历一个再培养的过程。第三，过分注重形式也是我们教学中的一个误区。部分学生在园林设计的形式与功能中选择了形式，用了4年的时间重复着类似的方案、相同的概念，导致了设计的畸形现象。第四，传统的培养目标和教学方式不适合社会现状，必须建立一个合格的培养目标。对于园林设计教育来说，让学生建立一个关于设计工作全过程的基本轮廓，应该是我们培养的一个目标。从我们工作的实践来看，学校不能过多地指望将大学生送进事业单位参加施工图的工作，实践证明这种实习很难有理想的结果，原因在于现在大多数设计单位，都是生产型的企业，很难担负起像学校这样的教育重任。

（3）对传统园林专业的思考。中国园林已经有 3 000 多年的历史，特别是古典园林已被列入世界文化的遗产，这些都说明了园林在我国具有悠久的历史与深远的影响，因此我们的园林教育应该具有自己的特色，引进发达国家成熟完善的体系是应该的，但是保持园林教育当中的中国特色也是毋庸置疑的。纵观近年来一些青年设计师的作品，一味照搬国外的园林造型，失去了我们国家的历史文化内涵。

因此，如何引导学生将中国传统园林的精髓引入到现代园林设计中，也是值得我们深入思考的问题。

（二）园林教育工作者的社会职责

园林教育工作者除具有一般教育工作者的社会职责之外，还应在园林工程技术专业教育方面具有以下社会责任：

1. 提高自身素质，保证人才培养质量

近几年，园林扩招导致很多问题出现，与之形成鲜明对比的是，很多学校师资力量薄弱，课程设置不够科学，导致学生毕业后很难满足用人单位的需求。一方面由于扩招，学校的师资数量不足，导致一个老师要带领很多个学生，老师的精力是有限的，他们无法保证学生都能成为高质量的、高素质的园林人才。另一方面，老师的自身素质不高，缺乏实践工作经验，也是导致教学质量不高的原因。因此教育者要努力提高自身素质努力承担提升教学水平、保证人才培养质量的社会责任。

2. 园林教育工作者引领行业发展

近年来，教学与市场脱节已经成为行业内一个焦点话题，并对园林教育发展产生了一定影响，这一问题的出现与学校过于注重理论传授而忽视实践操作有关。学校和设计单位不能一体化。学校负责教学，就是要侧重理论，在这里你能接触到前沿思想，引领设计潮流是学校的分内之事；而设计单位偏向实践，拥有更多的工程实践经验，但是运作一段时间后，在设计思想上就会出现发展瓶颈，如果此时没有理论支持，很难实现自我超越，而补充知识是学校的强项。学校与设计单位扮演不同的角色，有各自的任务，谁也不能偏离本位，千万不要矫枉过正。

此外，教学与市场脱节，也与教师本人缺乏工程实践经验有关。教师的设计经验多，将方案合理变成现实的经验少，因此很难有相关知识传达给学生，在课程设置上就会有倾斜。但学校教授学生的是知识，是发现问题、研究问题、解决问题的能力，也就是自动力。嬗变和适应能力对学生而言很重要。只有具备了这样的能力，才能够适应社会需求。总之，园林教育工作者的教学不能与市场脱节，应该多参与实践项目，并且要努力成为行家，引领行业发展。

3. 园林教育工作者应是中国园林传承与创新的主体

中国园林的传承与创新也是行业内频频探讨的话题，笔者认为园林教育工作者应是中国

园林传承与创新的主体，传承和创新是园林教育工作者的社会责任之一。时代变了，必然要注入新的东西。传承，是一个承上启下的过程，具有双向性。我们要尊重传统，传统是根，更要学习传统中永恒的精神和民族精华。而现在很多设计师分辨不清传统和传承的差别。园林设计需要创新，生活在变，古典园林的有些思想已经不适合现代生活。而怎么变，怎样将新的思想糅合在设计里，就需要设计师下工夫，而这也是最困难的。

现代人的生活方式很西化，设计师要传承，就必须对东西方文化都有比较全面的了解，在设计中将东西方文化精华融会贯通，这样才能做出"传承"的设计。设计师对其中任何一种文化有抵触，都不会做出好的设计。笔者认为，不论学生还是设计师，不要因为排斥而排斥，要认真学习传统知识，包括历史等，这对中国园林的传承与创新发展很重要。而中国园林的传承与创新，园林教育工作者应该扮演重要的角色。

第二节　园林工程技术专业大学生的社会责任

中国历来都重视对年轻一代的社会责任感教育，如"先天下之忧而忧，后天下之乐而乐""天下兴亡，匹夫有责"等耳熟能详的格言警句无不蕴含着有识之士的社会责任感和道德使命感。然而，时至今日，现实与理想之间的差距越来越大，学生中自私、冷漠、懦弱等不良品性大量滋生；极端的后果是，近年来，学生中各种越轨行为日益严重乃至对同伴、亲友的生命漠然视之，连基本的出于人道的社会责任感都丧失殆尽……所有这一切绝不是危言耸听！这不能不引起社会的反思。

一、大学生的社会责任

（一）当代大学生社会责任感的现状

调查研究表明，责任感教育是为全球人所重视的重要的品质教育，但在我国重视责任感教育的人"只有30%多一点，处在世界各国垫底的位置"。相反，人们把"智巧"和"计谋"看作是获得发展机会的重要因素。某特大城市教委的一项德育调查也表明，教师对学生的责任心和艰苦奋斗精神满意程度较低。当代大学生社会责任感的现状具体表现如下：

（1）重个人前途，轻社会思想，不是以主人翁的态度对待社会。不可否认当代大学生是有理想的，他们希望自己成名成家，出人头地，但有的仅仅局限于实现个人理想的梦幻里，而没有将个人理想与社会理想紧密联系起来。问卷调查显示，"你为什么要勤工助学？"76.3%的大学生回答是"为了个人的需求"，15.6%的大学生回答是"为了缓解家庭负担"，而只有8.1%大学生回答是"为了培养能力以便将来能为社会做一点贡献"。"当你遇到个人利益与社会或集体的利益发生冲突时，你会放弃个人利益而服从集体利益吗？"64%的大学生回答是"不会"，23%的大学生回答是"可能"，13%的大学生回答是"会"。由此看来，当代大学生更重视个人理想，而轻视社会理想。他们认为社会理想太远、太大、太空，可望而不可即，而个人的现实生活才是最实惠的。因而他们更多的是关心自己的命运，更多的是关注自身发展的状态和现时的利益，进而强调人首先应对自身、对家庭、对现实负责。从本质上看，这些大学生是缺乏对个人理想与社会理想关系的认识，缺乏对自己负有历史使命的正确认识和建立在这种认识基础上的对社会应具有的严肃的主人翁态度。

（2）在人生的奋斗目标上表现为日益增强的个人意识逐步取代了整体意识和社会意识。市场经济的发展，利益主体的多元化，使得个人的独立性、自主性地位逐渐得以确立。在市场经济条件下，从事经济活动的人们必然从自身的利益需求出发选择自己的行为，人们必须学会根据社会、市场的需求和动态进行自我设计、自我发展。个人的个性和地位真正凸现出来了。越来越多的大学生正视并积极追求个人的价值尊严和利益要求，其自我意识、进取精神和成就欲望及自我责任明显增强。此次有关当代大学生社会责任感现状的问卷调查中，对"你毕业后为了什么而努力？"的问题，有 74.2% 的大学生回答是"既为社会也为个人"，真正"为了民族振兴、国家富强"的仅为 9.7%，而不太明确的占 10.5%，尽管大学生兼顾社会和个人，但在两者之间更偏重于个人。对"你学习的目的是什么？"的问题，有 3% 的大学生回答没有考虑过学习目的。但大学生的学习目的也显示出多元化、多层次的发展趋势，有 13.8% 的大学生以获得一张文凭为主要的学习目的。多数学生的学习目的更为实际，回答为今后能自食其力，谋求理想职业而学习的为 33.3%；回答为提高自己的社会经济地位而学习的为 23.6%。这证明，受市场经济的影响，大多数大学生的学习目的从单纯的一纸文凭转向校外竞争激烈的实际生活。他们更注重真才实学，更加务实，而表现出对自己负责的态度。调查结果也反映出大学生的个人主义和功利主义倾向。例如，回答为报效祖国和为报恩父母或教师的仅有 9 人。大学生在学习过程中的功利倾向还表现在，对将来能获得直接利益的知识能力加倍学习训练；对不能获得直接利益的学习则敷衍抑制。有资料显示，大学生中有 45.2% 的人感到自己当前最缺乏的是社会责任感。

（3）盲目的自我膨胀和实际的自卑意识。一方面，思想上把成功看得太容易，无论是对自己的知识还是动手能力都估计过高，超出了实际水平。例如对"假如某单位看中你，把一项目交给你负责，你认为自己能胜任吗？"的问题，有 64.3% 的大学生回答"能"，有 24% 的人回答"也许"，仅 11.7% 的人回答"不能"。另一方面，不能脚踏实地，从小事做起。一旦触及到具体问题，又转化成抱怨环境、无所作为的自卑意识。这些大学生同样也对自己所负的历史责任感缺乏正确认识。

（4）重自我价值，轻社会价值，在利益关系上表现为以"我"为中心。这些年，社会主义市场经济为个人施展才干、大显身手提供了理想的舞台，使越来越多的大学生强烈地意识到个人在社会进步中的作用。但同时又意识到社会竞争的日益激烈和无情，唯有坐上个人奋斗的小舟才能游弋到功成名就的彼岸。因此，相当一部分学生在压力下，目光定格在个人的努力、拼搏上；凡事从"我"出发，以"我"为中心，崇尚"追求自我实现、完善自我价值"。当集体与个人发生冲突时，只强调个体，并以"我"为主；当公众利益与个人利益矛盾时，则以个人利益为重，缺乏为社会和集体牺牲的精神；在选择职业时主要考虑的是高收入和自我实现并重。例如此次的问卷调查中，发现大学生在考虑择业的因素时，有 62% 的大学生考虑"专业对口，能发挥特长"，60% 考虑的是"经济收入高"，有 41% 回答"工作轻松而稳定"，这表明大学生从个人方面考虑得较多，从社会需要方面考虑得较少，有些大学生对那些不关己的事，采取回避、冷漠的态度。

（二）大学生社会责任感缺乏的原因分析

当代大学生社会责任感淡漠甚至缺乏，究其原因，有以下几个方面：

（1）当代西方个人主义伦理思潮的影响。西方个人主义伦理思想家片面夸大了社会和他人对个人制约的"异己"力量，把"单纯利己"奉为评价人的行为是否道德的唯一标准，这种观念正好为道德判断能力较弱的青年大学生所接受，使部分青年大学生以"自我"为中心的思想，找到了理论依据。于是，在这部分学生心目中，出现了关心自我，追求实惠，只要权利，不尽义务，为出人头地而学习的现象。

（2）独生子女的优势性，使大学生对自我过分关注。20世纪90年代中后期以来的大学生大部分是独生子女，生活条件的优越，父母对子女的过分溺爱，使这一代人缺乏生活的磨炼。与以前的大学生相比，他们意志显得脆弱，克服困难的能力差；他们往往以自我为中心，对父母、他人、社会的要求高而多，对自我的要求低而少；考虑更多的是别人应该为我做些什么，而很少考虑我应该为父母、为家庭、为社会做些什么，权利意识强而义务感、责任感弱。

（3）中国教育历来重视教育的社会价值取向，而对学生独立人格和个性发展的重视不足。我们过去德育工作的失误和失范，在很大程度上就在于没有很好地重视德育的本体功能，总是想培养从社会某一角度看来在思想品德方面已经完善的、完美的人，喜欢用一些外在的社会标准来要求和评价德育活动及学生的道德面貌，如我们经常教育学生为祖国、为社会而读书，经常要求学生要爱祖国、爱人民、爱集体，却很少倡导学生关心、维护自身的正当权益，很少要求学生学会对自己负责。从某种意义上说，这种责任要求过于理想化、成人化，脱离学生生活实际，这是对学校德育的一种苛求，是无论如何也不可能实现的。在学生应当有可能承担的责任中，我们习惯于以成人视野中的主流价值取向为标准使强加于学生身上的责任理想化，却不尊重儿童的主体性人格，全面拒斥着、阻抑着青少年那些常常被成人称之为"调皮""捣乱""不听话""别出心裁"等的行为，结果要么是学生的主体性被压抑、心灵受伤害，要么是毫无责任感可言；假大空的责任要求往往导致学生本应承担、也完全可能承担的基础性责任被忽视，以至造成某种"大事做不了，小事不想做"的社会责任感真空状态。

二、园林工程技术专业大学生的社会责任

气候变化是21世纪人类所面临的最严峻的挑战之一，随之而来的环境恶化、物种灭亡将影响全人类的生存和发展，类似的还有经济发展所导致的人类物质文明、精神文明的破坏和流失。近年来，保护我们的生存环境和文明、共建新型低碳地球已成为各个国家的共识。面对这样的时代背景和主流思潮，我们园林工程技术专业的大学生更加应努力学习、学好专业知识，肩负将来保护和改善生态环境的社会责任。

第三节　园林绿化工作者的社会责任

当代中国，正处于在经济日趋繁荣，城市化进程逐步加快的新的社会时代。城市园林绿

化行业也得到了前所未有的发展，在高速发展中必然会遭遇各种各样的非常现象与问题。本节提出了园林行业工作者的社会责任及其相应的任务，并以风景园林设计师的社会责任为例进行介绍。

一、风景园林设计师的社会责任

中国经济数十年来的快速发展，对风景园林规划设计行业来说是十分难得的，快速发展过后，我们整个行业是否能够理性地思考反思总结，使行业的发展逐步趋于理性？笔者认为"设计师的社会责任"是值得我们在现阶段探讨的问题之一。

一位前辈曾经一针见血地说道："为什么现在中国的设计师多如牛毛却罕有大师？是否与我们的设计师缺乏社会责任感有关？"对此我深有同感，我们不苛求人人都成为大师，但希望我们有更多的设计师能成为具有一定社会责任心的优秀设计师。作为一个优秀的设计师，除了要具备科学基础和艺术修养之外，一定要有社会责任心。

细化到风景园林设计师的社会责任，应是广义的，包括两方面：一是因设计师自身修养、综合素质所创作的设计作品引起的设计责任；二是设计师在设计过程中，与业主、客户等社会众体交互影响的社会责任。

政府管理部门、学术领域都有一系列具体详尽的法规、条例来规范设计师的行为准则，即具体约束了设计师的设计责任。这对设计师明确自身责任、提高设计水平极有帮助。当然，设计师遵循这些原则、法规、条例来做具体的项目设计，也仅仅是满足了社会、政府对环境、景观的最低要求。而一个优秀的景观设计作品应该是采用因地制宜的手法，反映当代人类文化成果的、创造明日更好生活环境的科学、哲学及艺术的综合结晶。

设计也是一把双刃剑，用得好会造福人类，用得不好就会反过来贻害人类与自然环境。在市场经济条件下，设计师无时无刻不在受政府、法规、业主、舆论等各方面的人群影响，而又无时无刻不对他们产生影响，这种关系是交互的。优秀的设计师可以左右小到一个群体，大到整个社会的审美情趣及生活品质。设计师在完成自身作品的同时，也在向他的周围传播以他的设计思想为主导的精神内涵，导引着社会生活及审美情趣的方向。对目前各城市流行的大广场、大草地、大喷泉等"过度"设计行为，从设计师个体作品的角度来讲，设计图纸的准确性、完整性也许都是无可挑剔的，许多设计师都尽到了设计责任，但是这些设计师却忽视了社会责任。这些"大"在很多城市并不适用，作用只有"劳民伤财"。现在有部分年轻设计师过于功利化，在他们看来，设计只是用来获取财富和社会地位的一种技能，而非实际性的艺术创作。他们一味追求景观的风格化，人为地为项目设计某一个风格；一味追求视觉效果的美观和独特，往往忽略了对文化、对社会的基本关注，不知不觉逐渐将设计脱离在了生活之外。这种完全受制于利益驱使的浮躁心态，造成设计师们的作品过分流于形式，背离了景观设计应注重"人性化"的基本要求。

设计师的社会责任，无法用明确的文字、法则来规范约束，但是，设计作品本身以及设计师的审美取向、价值观对普通大众乃至整个城市的设计风格具有一定的引导作用。作为设计师，应认清身上的社会责任、尊重客观规律、尊重我国国情、尊重实施效果，这样的作品才能真正起到探索、引领和展示效果。

　　如果风景园林的行业发展程度与社会发展程度成正比，风景园林师作为人类环境保护、营造和维护的工作者，其肩负的责任和面临的挑战与人类的生存环境、生活质量息息相关。不夸张地说，风景园林是在努力构建我们美好的生活环境。

　　因此，一个优秀的风景园林设计师，除了要具备一定的专业基础和艺术修养之外，一定要具备社会责任心。这也是设计师应该具有的职业道德。

二、其他园林绿化工作者的社会责任

　　在园林建设的过程中，除了风景园林设计师之外，还有园林工程师、园林施工员、资料员、监理工程师等人员的参与，那么这些人员的社会责任是什么呢？笔者认为，他们都应该以遵守法律、法规和有关管理规定，执行技术标准、规范和规程，在自己的工作范围内保证工程质量，为人们创造出实用、经济、美观、生态环保的园林景观为自己的社会责任。

第四节　园林企业的社会责任

　　"人人为自己，上帝为大家"是自由资本主义时代的信条。当前，在中国许多媒体上仍然常见"在商言商，我的责任就是为企业创造更多的利润"之类的宣教。但在许多发达国家，情况已有了不小的改变，作为一个企业，不仅仅只是追求自身的利益，在社会发展的诸多领域都应该承担相应的社会责任。

一、企业的社会责任概述

　　一个组织应以一种有利于社会的积极姿态进行经营和管理。作为一个行业，在面对社会时，不仅仅只是追求自身的利益，还应该努力地为社会的发展和进步带来正面的影响，相反对于其行为活动给社会所造成的负面影响，也应该勇敢承担、负起责任，并提出解决对策。这便是本节提出的主题——"行业的社会责任"。目前，大众对于社会责任关注比较多的是企业公司的社会责任。

二、园林企业要勇于承担社会责任

　　园林企业要承担的社会责任有以下几方面：

　　（1）园林企业要自觉做好企业公民，履行商业文明的社会契约，维护行业声誉。包括：拒绝贿赂、拒绝偷工减料和欺诈、提倡诚实守法、维护公平竞争、为客户创造最大价值等。当然，不良商业环境的影响是存在的，这就需要更多的企业挺起身来，参与到商业文明的培养和建设中。

（2）围绕可持续发展，提供最优产品与服务的社会责任。园林规划设计和景观营造时，园林企业围绕可持续发展要多花心思，如在节约型园林、文明施工、产品质量、使用寿命、养护成本、安全及健康、环保等方面加以考虑，有时甚至要增加必要的成本，也要达到产品与服务最优，最大限度地创造优质工程。

（3）积极推进自主创新，夯实基础，提升质量管理及成本控制能力。园林企业的主要任务是参与城市园林的绿化设计、建设和维护，提供物美价廉的产品和服务，为市民营造宜居环境。园林企业要积极进行自主科技创新，推动产学研合作，以提升行业的科技水平。

（4）积极开展校企合作共育行业人才。有一些大型的园林企业，是行业的骨干，为环境的建设做出了积极的贡献。这些大型的企业，有能力参加园林行业人才的培养，应积极主动地与大学校企合作，参与大学专业建设，勇于承担园林行业人才的培养工作，勇于接纳大学毕业生实习。这也是园林企业的一大社会责任。

（5）与其他利益相关方共建所在社区文明环境。园林企业要在传播环境保护、绿色消费等有关的社会活动上，投入一定的人力、物力；要积极参与各种相关的公益慈善事业；要规范企业的利益分配，做到兼顾客户利益、公司利益、社区利益和国家利益。

第六章 大学生自我职业规划

园林工程技术专业的毕业生就业相对容易，但还是有相当数量的大学生一入学就担心就业的问题。那么如何正视现实，应对日趋严重的就业压力呢？如何在未来的职场中打拼，保有自我优势地位呢？毫无疑问，大学生也需要职业规划和职业教育，只有未雨绸缪，才能在未来的就业和职业生涯中取得主动。

第一节　大学生职业生涯规划

职业生涯规划（Career Planning）又叫职业生涯设计，是指个人与组织相结合，在对一个人职业生涯主客观条件进行测定、分析、总结的基础上，对自己的兴趣、爱好、能力和特点进行综合分析与权衡，结合时代特点，根据自己的职业倾向，确定自己最大的职业奋斗目标，并为实现这一目标而作出的行之有效的安排。职业规划的目的绝不仅仅是帮助个人按照自己的资历条件找到一份合适的工作，达到与实现个人目标，更重要的是帮助个人真正认识自己、了解自己，为自己定下事业大计，筹划未来，拟定一定的发展方向，根据主客观条件设计出合理可行的职业生涯发展方向。

当今，大学生的职业生涯规划是个时髦的话题，许多大学开设了相关的课程或专题报告与讲座，网络上也大肆炒作，一时间职业生涯规划成了大学生最为关注的热点之一。但不少大学生还没有真正理解到职业生涯规划的确切含义，对职业生涯规划的重要意义认识不足，不了解职业生涯规划的程序，缺乏进行规划的具体技巧。所以不少大学生对职业生涯规划或冷眼相对，或茫然无所适从，或使规划流于形式，或不顾主客观条件任意随自己的兴致来"规划"，导致职业生涯规划的应有作用不能充分发挥。

每个人的职业生涯规划不可能一步到位，要根据现实情况以及现有的机遇不断调整自己的人生目标，最终向自己的理想目标靠近。每个在校的大学生都渴望毕业后能找到一份满意的工作。然而，要在众多的对手中脱颖而出，不是一日的功夫。走进大学校门时就应该开始考虑自己未来职业的选择。当心中有个大概的目标和计划之后，就应该想办法到目标公司实习。实习很重要，而且是一个非常行之有效的自我评测的方法。通过实习，可以积累相关的工作经验，并且在实习过程中可以更清楚地知道自己的兴趣点、专长在哪，不足与薄弱的地方在哪，这样有利于在今后的学习中弥补缺陷，更充分地发挥自己的优势，在今后的求职大战中立于不败之地。另外，实习可以说是模拟就业，在工作中遇到的形形色色的、具体的事情会极大地激发你的潜能。俗话说，知己知彼，百战百胜。实习就像一面镜子，让你真正地了解自己。这样面对未来的就业竞争，你仿佛已经吃了一颗定心丸。职业生涯规划是一个系统工程，除了目标的设定外，在此之前的准备工作更为重要，它直接影响到你对预期目标实现的程度。所谓不打无准备之仗，在大学期间，应该有意识地积累自己的能力，有利于更快地投入工作，早日实现自己的目标。因此，在校期间，大学生应注重下列能力的培养：

1. 学习能力

在这个信息爆炸的时代，知识更新很快，如果没有不断学习的动力，你很快就会被淘汰。大学生要有一个共同的信念，就是不断充实自己，更好地胜任自己的工作。

2. 适应能力

从象牙塔进入社会，几乎每位大学生都感到不适应，面对新环境常常出现挫败感、烦闷感等，不能很快地进入角色。所以用人单位很看重员工的适应能力。一个可以随机应变、从容应付纷繁万变的外部世界的人，是很容易受到青睐的。在校期间多寻找机会磨炼自己，这对你的一生都是有益的。

3. 与人相处的能力

我们从事的工作大多必须与他人合作才能完成，缺乏与人相处的能力将寸步难行。学校里的个人英雄主义在工作中是行不通的，早早树立合作精神对今后的工作、生活有很大的帮助。成功的职业规划要不断根据实际情况调整自己的方案，最终接近目标。另外，应结合自己的兴趣和能力制订出可行的择业规划。好的职业不仅仅在于高薪，个人兴趣与能力的结合点才是好职业必备的因素。如果不根据自己的兴趣爱好和实际能力，只是盲目地规划未来，那一定不能取得成功。

一个好的职业者必须具备良好的素质，这些素质包括态度、技能、知识，其中又以态度最为关键。态度可以表现为：

第一，积极主动。获得国际和平奖的印度修女特里萨，有一次领着一伙非常贫困的小孩到面包店去，请面包店的老板给这些孩子一些面包吃。"呸"，面包店老板冲着修女吐了一脸口水。修女平静地用纸将脸上的口水擦掉，再次请求面包店老板给这些孩子一些面包吃。面包店老板被深深地震动了，自此以后，这个面包店一直给这些孩子提供面包。可见，当外界有不好的影响时，自己要积极主动，报以一个良好的回应。

第二，扩大影响范围。自己能做到的、自己能影响到的是影响范围，自己不能影响到的但可以关注到的范围叫关切范围。你不仅要在影响范围内扩大影响，还要把触角伸向关切范围，这样影响范围才会不断扩大，关切范围才会相对缩小，你能改变的事情也就越多。

第三，一定要把最重要的事情当作最紧急的事情来做。把一些事情放到一起，往往容易忽略最关键的事情，但你必须腾出时间来做最重要的事情。

第四，先了解别人。做任何事情一定要先站在对方的立场上考虑，但只考虑对方而不考虑自己也是不行的。要双方受益，才能达到最佳状况。

第五，发挥团队精神。力求发挥 $1+1>2$ 的功能和作用，通过互助达到最佳整合，赢得最大的目标，使大家"利益均沾"。现在的年轻人面临着前所未有的机遇，同时也承受着前所未有的压力。在这种情况下，每个人都想一开始就找到一份既让自己感兴趣又可以发挥自身潜能的工作。但是刚从大学毕业的人，心智还不是太成熟，如果在这个时候就让他作出一份关于自己一生的职业生涯规划，压力实在很大而且也不现实。从校园到社会，年轻人需要一段时间使自己成熟、完善起来，逐渐适应社会。

因此，最切实可行的办法就是在毕业后的两三年里，不要给自己太多的条条框框，按照自己的兴趣和能力找工作。这段时间是心态的一种过渡，将初离校园时的焦灼、急躁慢慢沉淀为一种宽容、平和的心态，并以此心态审视自己所处的环境，适应它、了解它。另外，通过实际的工作可以更加清楚地了解自己，明白自己的优势所在，自己最需要什么，进一步塑造你的人生观，完善你的人格。也许有人认为这样做有点浪费时间，可是这个时间花得很值。有一个良好的开始，不仅为你今后的职业规划打下基础，同时也为你未来的选择提供有效的参考。

第二节　事业成功的关键因素

在现代社会，竞争非常激烈，一个人要想取得成功，成就一番真正的大事业，其难度和挑战必然是非常大的。综观世界上成功人士（如科学家、企业家、思想家、政治家、艺术家）的成功过程，发现成功的途径虽然千差万别，但成功的许多决定性要素却是一致的。这意味着，人生的成功其实有着可以学习和遵循的方法。尽管一个人成功的道路并不平坦，甚至成功的模式也不可复制，但一个智力正常的人，只要遵循历史上许多杰出、伟大人物的成功方法，并且愿意为之付出艰苦的努力，大多可以成就一番事业。许多没有取得成就甚至没有想过要成功的人，总是把自己个人的失败归因于外部环境条件的不匹配、不成熟；但事实却是在同样的环境下，同样起点，甚至起点更差的人却通过艰苦卓绝的奋斗取得了巨大的成功。环境当然影响环境中的每个人的成长，但杰出的人却并不被环境所限，而是超越环境限制，获得令人惊异的成长。其原因在于：成功者与失败者对待自己和环境的态度、调适自己与环境的关系的出发点不一样。成功者充分利用环境中的所有因素包括不利因素，将其化作对自己磨炼成长的有利因素，敢于取舍，甚至在某些方面做出巨大牺牲，集中所有力量，专心追求自己的目标，从而形成了聚焦效应和压力转化为动力的能量守恒转化效应。失败者则安于现状，完全被环境所限制甚至塑造，丧失了自身应有的能动力，其结果必然是平平凡凡，消磨于环境、遏制于牢笼之间。

要使自己的事业有良好的发展，就必须借鉴成功者的做法与策略，通过总结发现成功的一般规律有：

一、具有成功的欲望和动机

"野心"在多数情况下是个贬义词。但是，现在有心理专家研究表明，"野心"是成功的关键因素。"野心"，也叫作志向，其实质是有很清晰的工作奋斗目标，就是做事有很强的目的性或目标性，目标十分明确。做事目的性不强的人必然浪费时间，而时间是成功者所能拥有的最大财富资源之一，时间和精力对成功者来说，都是浪费不起的。凡事都要围绕自己想要达到的目标去做，凡是无益于达成自己目标的事情少做甚至坚决不做，即无论在工作还生活上，绝不做无用功。

二、具有很强的意志力或者信念

顽强的意志力、耐心、耐力及对自己所选择的目标及工作过程价值的信念，决定了一个人在成功之路上可以走多远。成就一番伟业，需要经历一个相对漫长的连续奋斗的时期，期间会遇到许多意想不到的困难。没有一项事业是一蹴而就的。成就事业需要长期艰苦的劳动，对于许多意志薄弱的人来说，是一件生命不能承受的重负，但对于成功者来说，这恰恰是乐趣的来源。成功者往往乐此不疲，在为事业奋斗的过程和所获得的点滴当中，获得无上的荣耀和幸福感。意志力、耐力往往与信念有关。没有信念或信念不坚定，是不可能产生定向作用的意志力和耐力的。一个人只有坚信自己的选择是正确的，自己的努力是有价值的，自己的所有付出都是值得的，他的意志力、耐力才能长期保持甚至自觉强化在某些方向上。孙中山先生搞革命的时候，11次起义都失败了，每次失败后不得不流亡海外，但他意志坚定，屡败屡战，依然有明确的目标、坚定的信念，能找到人生的价值，从而获得心理、精神能量的补充，重新焕发出活力和更大的生机。

有坚强的意志力和坚定信念的人，往往能承受很大的压力。成就事业必然需要时时面临许多困难，更多时候还可能长期处于逆境当中，或者长期处于黎明前的黑暗期；即使事业初步成功之后，成功者仍然面临事业发展过程当中新的困难。人生成功的过程，其实质就是一个人不断鼓舞自己、竭尽克服困难、不断解决问题的过程。正如杨澜完成名人采访系列节目之后的感悟："困境是常态，成功是非常态的。"压力是成功过程的一个伴随因素。有无能力抵抗来自环境、他人及自己内在的心理、生理压力，是一个人能否成功的关键因素之一。

三、敬业与专注

成功的人，做事往往全力以赴、非常专注，即使是平凡的工作岗位，也是非常乐业、敬业的。古往今来，凡事业成功者，无不与"坚持不懈""奋斗"等词汇有联系，成功者并不是一开始就成功，而是做事一旦投入，必全身心投入，对于结果更是志在必得。否则，他们就宁愿放弃不做。全力以赴不仅意味着拼命工作，而且还意味满怀热情地克服自身的劣势因素。事实上，包括成功人士在内，每个人都有自己不足的一面，但成功者却通过全力以赴的工作，较为成功地克服或化解了自身存在的劣势。具体方法就是：客观看待并清楚认识自己的不足之处，然后采取行动立即加强劣势方面的学习及与他人的合作，最关键的一点是漠视甚至完全消除劣势给自己造成的心理压力，以更从容、更自信、更严谨、更专业的态度来加倍努力地展开工作。不受自己存在劣势的困扰，就能够更有效地发挥优势，提升整体工作水平，更易于成功。

四、克制力及极强的自信心

成功者与失败者相比，怀有更强烈的对自我奋斗、自我价值的自信心。自信心是建立在自己能力素质及预期目标、实现目标方法的理论研究基础上的，是知行合一的实践理性，而不是狂妄的自欺欺人态度。自信心是成功者所有心理能量积聚的根基。没有了自信，龙飞凤舞就会变成蛇影鸡形，再大的才能和能量失去点火器，就是形同虚设而已。人是"逼"出来的，而且有意识地给自己增加负荷，不管有没有外界因素逼迫，自己都始终如一地逼迫自己。所谓逼迫，也就是极大的自我克制。成功者都具备极强的自我克制能力，如韩信能忍受"胯下之辱"，最终拜相封侯；越王勾践"卧薪尝胆"，终于灭掉吴国。

五、善于利用时机，抓住机遇

天时、地利、人和，任何一项事业的成功，都离不开"天时"，天时就是机遇，就是"大形势"。"势"是事业成功的一个关键因素。哈佛大学对一些学生进行的研究证明，在个人的成功中，智商只有20%的作用，80%靠的是社会环境和机遇。"势"是时机、是火候、是风向。事业初创时期，光有各类要素还不行，还要等待时机，顺势而为。事业发展时期，要注意积聚能量，乘势而上，再攀高峰。成功的人，往往都能利用时机，抓住机遇，"机遇只光顾于有准备的人"。但是，如果没有知识，没有长远的目光，即使机会来了，也未必能抓住，没有平时120%的努力，就没有60%的运气去抓住机遇。

六、大处着眼，小处着手

成功并不神秘，很多人的成功只不过做了他们该做的东西，从大处着眼、小处着手，身体力行，所谓"复杂的事情简单做，简单的事情重复做"。从大处着眼，意味着需要"举轻若重"，工作、事业上的事无小事，全部需要认真地落实；从小处着手，则需要"举重若轻"，无论多么复杂烦琐之事，均应该尽量简单容易化地去分解操作，行难于易，难者亦易矣。两者一结合，就构成了以效果为导向的"思考繁密、操作简易"的工作方法。《易经》上说："易则易知，简则易从，易知则有亲，易从则有功。有亲则可久，有功则可大。可文则贤人之德，可大则贤人之业。"这道出了简易对确保事业成功的重要性。精简是一种理念和行事风格，精简有助于体现并提升专业工作的效率。但是有的人，周密谋划半天，就是不见行动，眼高手低，动则要扫天下，但是连"一屋都不扫"。想到了不代表做到了，说到了也不代表做到了，而工作、事业的成果只有通过"实行"才能获得。成功者都是想好了再说，想好了就做，所有工作成果都只能是做出来的，一旦做了就还必须做对、做正、做好。

七、 控制情绪，保持客观

人是情绪化的动物，在现代工作中很容易进入忘我状态，有时候不冷静，就很难对事、对人进行客观的分析和评价。智商和情商是用来衡量个人素质的两个关键因素，智商反映人的智慧水平，而情商则反映了人在情感、情绪方面的自控和协调能力。成功的人，都能有意识地克服自我，特别善于倾听别人的意见，以不断超越自我为荣，克服狭隘的"自尊心"，控制个人的情绪及个人私见上的隔阂，这样才能取得巨大突破。不管什么时候，一个能客观思考、控制情绪的人，"思"就会认真仔细地思（分析思考、规划谋划），"知"就会深入细致地知（明白全体、局部和关键点），"言"就会实事求是、恰如其分地言（工作事业不是炫耀口技），"行"就会脚踏实地、快速认真地行。事实上，如果能克服"情绪化"，就意味着能最大限度地、全方位地开放自我，吸纳他人的信息、智慧，与他人共鸣，从而摆脱"我执"的"小我"，达到集成智慧的"大我"，形成解决问题所需要的"大视野、大信息，大头脑、大心灵、大决心、大智慧"。

八、 创 新

杨叔子院士认为，成功还要敢于创新、善于总结。敢于创新是成功的关键因素。所谓事业上取得成功，就是在工作中有创新、有突破，做了别人做不到的事情，这就是成功。创新，包括技术创新、制度创新、方法创新。一个国家，一个民族只有创新，才有前进的动力，才有力量的源泉。没有创新，没有创新就没有发展。要敢于创新，也要善于总结。做事既要从实践中认识真理、坚持真理，认识错误、改正错误，明确正确的方向；又要善于总结，以史为鉴，取其精华，去其糟粕，开拓前进，以达到创新，这就是成功的关键。同样，对于成功的这些所谓经验，只能借鉴，而不能复制，世界上找不到两片完全相同的树叶，这些成功的经验也不能完全照搬。

第三节　人际关系的建立与改善

成功的人都会是那些注重人际关系的人，人际关系可能成为事业的绊脚石，也可能成为成功的加速器。对于一名大学生来说，当他走进大学的时候，不仅需要适应学习和生活环境的改变，还面临着重新融入新的群体、重新建立新的人际关系的问题。大学生的人际关系无论从愿望、内容方面，还是在方式上都具有同他们的社会知识经验相对应的特点。这些特点表现为交往愿望的迫切性、交往内容的丰富性、交往观念的自主性、交往系统的开放性。大学生建立良好的人际关系，有利于他们的学习、生活和工作，也有利于他们的成长。

良好的人际关系是工作的润滑剂，大学生如何建立和维护良好的人际关系，下面的一些技巧和措施值得借鉴。

一、热情和主动

很多人之所以缺乏成功的交往，往往是因为他们在人际交往中总是采取消极的、被动的退缩方式，总是期待友谊从天而降。这些人，只做交往的响应者，不做交往的发起者，然而，根据交往的交互性原则，别人是没有理由无缘无故地对你感兴趣的。因此，要与别人建立良好的人际关系，必须主动、热情地与别人交往。

二、建立良好的第一印象

第一印象在人际交往中具有重要的作用。人们会在初次交往的短短几分钟内形成对交往对象的一个总体印象，如果这个第一印象是良好的，那么人际吸引的强度就会很大；如果第一印象不好，则人际交往的强度就会很小。而在人际关系的建立和维护的过程中，最初印象同样会深刻地影响交往的深度。卡耐基在他的《人性的弱点——如何赢得朋友并影响他人》一书中提出建立良好印象的六条准则：真诚地对别人感兴趣；微笑；多提别人的名字；做一个耐心的聆听者；谈符合别人兴趣的话题；以真诚的方式让别人感到他很重要。

三、勇于承认自己的错误

虽然承认自己的错误是一种自我否定，但承认错误会给自己带来巨大的轻松感。明知错了而不承认，甚至将错误推给别人，自己会背上沉重的包袱，也使自己无法得到别人的原谅。另外，承认自己的错误，等于变相地承认别人，会使对方显示超乎寻常的容忍性，从而维持人际关系的稳定。

四、学会批评

不到万不得已时，不要自作聪明地批评别人，更不要盛气凌人、颐指气使。尽管有时候批评是必要的、不得已的，但是，还是要学会善意的批评，这是对别人进行友好指正的一种很有必要的反馈方式。任何自作聪明的批评都会导致别人的厌烦，而责怪和抱怨则会损坏人际关系的发展，多使用提醒和建议的方式，使别人容易接受而又不损伤自尊。正如卡耐基所说："要比别人聪明，但却不要告诉别人你比他聪明"。

第四节 就业与工作分析

总体来看，目前大学毕业生的就业选择或方向或目标主要有国企、民企、外企、公务员四种。2003 年 12 月 12 日，根据新浪网的一项调查："刚走出校园的你，在找工作时首选什么？"共有 6070 人参加。结果首选"公司、企业"的占 59.14%，有 3 590 人；选择"政府部门、国家机关"的占 26.21%，有 1 591 人；选择"无所谓"的占 8.57%，有 520 人；选择"个人自主创业"的占 6.08%，有 369 人。这个选择基本上反映了当代大学生的就业方向和就业意愿。下面来简单分析一下不同就业方向的特点。

一、国　企

总的来说，国企规模一般较大，结构复杂，职位稳定，福利制度完善，工作时间明确，工作压力相对较小，但企业制度比较僵硬，且人际关系相对复杂，除垄断性国企外，薪酬并不具有竞争力。

二、民　企

民企即民营企业与私人企业。企业规模结构一般小于国企，工作任务较大，福利不是很完善，对人员要求更严格一些，压力较大。民企近年来发展迅速，相当多的民企越来越规范，薪酬也很有竞争力。民企为刚刚毕业的大学生提供了迅速成长和接受多方面挑战的机会。

三、外　企

外企由中外合资企业、中外合作企业、外商独资企业以及有外商投资的对外加工装配企业组成，即通常所说的三资企业。外企的用人理念与前两者有不小的差别，待遇较高，培训完善，这些企业有较强的社会责任，管理比较人性化，工作环境不错；但相应的，对雇员的要求很高，工作压力较大，工作不稳定。在外企就业，通常还需要适应外企特定的企业文化，外语要比较流利。

四、公务员

从某个层次上讲，公务员与国企人员有相通之处，只是前者服务于国家机关，而后者服务于政府支持的企业。公务员的合同期最长，更加稳定，福利待遇也是最好的。报考公务员需要参加国家统一举行的公务员考试（可参考公务员考试网 http://www.gwyksw.com/ 或 http://www.gongwuyuan.com.cn/），大学生也可以留意地方政府的公务员考试和招聘信息。

实际上，考研和创业也是一种就业。在整个主流文化中，创业并不被推崇至上。很多人也建议"先就业后创业"。然而，市场的洪流仍然推出一代弄潮儿。创业，意味着巨大的机会成本、巨大的风险以及潜在的优厚回报。创业也构成了当今毕业出路上的一道独特风景线。

由于园林工程技术专业是一个应用型的专业，学生有较好的就业前景。随着社会的不断进步，环境越来越恶化，园林工程技术专业将会是一个越来越热门的专业。园林工程技术专业实行毕业证书与资格证书相结合的"双证书认证"制度，该专业的毕业生毕业后，具有有一定的工作年限，可以通过注册园林工程师、注册建造师、注册监理工程师、注册造价师等资格考试进入相关的职业和行业。

第五节　职业规划概述

一次对北京人文经济类综合性重点大学的 205 位大学生的调查结果显示，对自己将来如何一步步晋升、发展没有设计的占 62.2%；有设计的仅有 32.8%，而其中有明确设计的仅占 4.9%。开学了，又一批新生步入了象牙塔，一些新生计划着大一、大二先轻松一下，到大三、大四再努力也不迟。实践证明，抱有这种思想和态度的学生，由于大学几年会虚度时光，毕业找工作时更多的是慌乱和艰难。在大学期间，如果不能运用职业设计理论，规划自己未来的工作与人生发展方向，将会严重影响学生的提前准备工作和准确定位，甚至影响对工作的适应性。

一、学生职业规划的必要性

职业规划对于很多中国人来说还比较陌生，这个问题与我们的教育体系和文化背景有很大的关系。尽管职业规划对中国大学生还比较陌生，但毫无疑问，大学生需要职业规划。在英国，大学的职业培训系统非常完善，各个大学都有职业指导中心。现在，一些以研究著称的英国老牌大学也意识到职业培训的重要性，开始紧锣密鼓地与企业合作，加强这方面的培训和服务。与外国的教育相比，我们应该承认并正确对待我们在职业兴趣培养和职业生涯教育方面的不足和差距。"笨鸟先飞早入林"，为了弥补这一差距，园林工程技术专业的学生应该认真做好自己的职业规划，以便在将来的竞争中取得自己的一席之地。

职业规划指的是一个人对其一生中所承担职务相继历程的预期和计划，包括一个人的学习、对一项职业或组织的生产性贡献和最终退休。职业规划的本质是根据自己的兴趣、特长和专业特点，结合社会的需求和发展趋势，系统地规划自己的人生和未来。职业生涯规划一旦设定，他将时时提醒你已经取得了哪些成绩以及你的进展如何。当你为自己设计职业规划时，你正在用头脑为自己要达到的目标规定一个时间计划表，即为自己的人生设置里程碑。

个人的职业规划并不是一个单纯的概念，它和个体所处的家庭及社会存在密切的关系。每个人要想使自己的一生过得有意义，都应该有自己的职业规划，特别是对于大学生而言，正处在对个体职业生涯的探索阶段，这一阶段的职业选择对大学生今后职业生涯的发展有着十分重要的意义。乔治·萧伯纳曾这样说过："征服世界的将是这样一些人：开始的时候，他们试图找到梦想中的乐园，最终，当他们无法找到时，就亲自创造了它。"职业对大多数人来说，都是生活的重要组成部分。但是，职业既不像家庭那样成为我们出生后固有的独特社会结构，也不像货架上的商品那样，可以让我们随意挑选。大学生进行职业规划的意义在于寻找适合自身发展需要的职业道路，实现个体与职业的匹配，体现个体价值的最大化。一个没有计划的人生就像一场没有球门的足球赛，对球员和观众来说都兴味索然。甚至可以说，一个人不做人生的职业规划，距离挨饿的时间只有三天。一个没有职业规划的大学生，即使淡化专业对口，不再关心户口问题，甚至对工资没有什么要求，但因为没有工作经验、知识能力储备不足、英语不够好、自我定位不够准确等，有可能还是找不到工作。因此，在面对大学生就业问题时，非常有必要了解和制订自己的职业规划。

二、职业规划的方法

面对严峻的就业形势和就业环境，以及为了自己成材的需要，园林工程技术专业的大学生应该为自己的职业发展着想，有必要按照职业生涯规划理论加强自身的认识与了解，找出自己感兴趣的领域，及早进行职业规划和社会切入。

（一）明确自身的定位和优势

大学生进行职业规划时，最重要的是清醒地认识自我，给自我进行明确的人生定位。自我定位和规划人生，就是明确"我想干什么""我能干什么""我的兴趣和爱好是什么""我的特长是什么""社会可以提供给我什么机会""社会的发展趋势是什么"等诸如此类的问题，使理想可操作化，为进入社会提供明确方向。

定位，就是给自己亮出一个独特的招牌。这就需要进行自我分析，首先是明确自己的能力大小，给自己打打分，看看自己的优势和劣势，对自己的认识分析一定要全面、客观、深刻，绝不回避缺点和短处。通过对自己的分析，旨在深入了解自身，根据过去的经验选择，推断未来可能的工作方向与机会，从而彻底解决"我能干什么"的问题。只有从自身实际出发、顺应社会潮流，有的放矢，才能马到成功。要知道个体是不同的、有差异的，我们就是要找出自己与众不同的地方并发扬光大。

我学习了什么？在校期间，我从学习的专业中获取了什么收益？参加过什么社会实践活动？提高和升华了哪方面的知识？专业也许在未来的工作中并不起多大作用，但在一定程度上决定自身的职业方向，因而尽自己最大努力学好专业课程是生涯规划的前提条件之一。因此，决不能否认知识在人生历程中的重要作用，特别是在知识经济日益受到重视的今天，一个人所具备的专业知识是他得到满意工作结果的前提条件之一。

我曾经做过什么？经历是个人最宝贵的财富，往往从侧面可以反映出一个人的素质、潜力状况，如在大学期间担任学生会干部、曾经为某知名组织工作过等社会实践活动所取得的成绩、积累的经验、获得过的奖励等。

我最成功的是什么？我做过很多事情，但最成功的是什么？为何成功？是偶然还是必然？是否自己能力所为？通过最成功事例的分析，可以发现自我优越的一面，譬如坚强、果断、智慧超群，以此作为个人深层次挖掘的动力之源和魅力闪光点，形成职业规划的有力支撑；寻找职业方向，往往要从自己的优势出发，以己之长立足社会。

我的弱点是什么？人无法避免与生俱来的弱点，必须正视，并尽量减少其对自己的影响。譬如，一个独立性强的人会很难与他人默契合作，而一个优柔寡断的人绝对难以担当组织管理者的重任。卡耐基曾说："人性的弱点并不可怕，关键要有正确的认识，认真对待，尽量寻找弥补、克服的方法，使自我趋于完善。"清楚地了解自我之后，就要对症下药，有则改之，无则加勉。重要的是对劣势的把握、弥补，做到心中有数。因此，要注意经常安下心来，多找机会与别人交流，尤其多与自己相熟的父母、同学、朋友等交谈。看别人眼中的你是什么样子，与你的预想是否一致，找出其中的偏差，这将有助于自我提高。对自己的弱点千万不能采取鸵鸟政策，视而不见。相反，必须认真对待，善于发现，并努力克服和提高。在大学期间，要针对自身劣势，制订出自我学习的具体内容、方式、时间安排，尽量落于实处，便于操作。

（二）确定职业目标

每一个人都应该知道自己在现在和将来要做什么。对职业目标的确定，需要根据不同时期的特点，根据自身的专业特点来分析，分阶段制定。许多人在大学时代就已经形成了对未来职业的一种预期，然而他们往往忽视了对各个年龄段和发展的考虑，就业目标定位过高，过于理想化。以园林工程技术专业来说，沿海经济发达地区，建筑、园林产业发展蓬勃，专业就业形势不错，但相当数量的学生只盯着公务员职业，而且只盯着大城市，对中小型的城市，就算处于经济发达地区，也都不愿意去就业，盲目地攀高追求与不切实际地"这山望着那山高"。还有的学生，在"骑驴找马"的过程中，不是珍惜"驴"所提供的资源和条件，而是一边找"马"，一边虐待"驴子"，缺乏敬业意识，非常愚蠢，也是职业目标不确定的一种表现。这些想法和行为不仅会影响个人的初次就业，更会对个人以后的职业发展造成不利的影响。

职业生涯目标的确定，是将个人理想具体化和可操作化，是指可预想到的、有一定实现可能的最长远目标。按照马斯诺的需求层次理论，人一般具有生理需求（基本生活资料需求，包括吃、穿、住、行、用）、安全需求（人身安全、健康保护）、社交需求（社会归属意识、友谊、爱情）、尊重需求（自尊、荣誉、地位）、自我实现需求（自我发展与实现）5 种从低层次到高层次的需求。职业目标的选择并无定式可言，关键是要依据自身实际，适合自身发展。值得注意的是伴随现代科技与社会进步，个人要随时注意修订职业目标，尽量使自己职业的选择与社会的需求相适应，一定要跟上时代发展的脚步，适应社会需求，才不至于被淘汰出局。

（三）进行职业和社会分析

在发展迅速的信息社会，社会需求和职业前景是职业规划的重要影响因素。因此，必须根据自身实际及社会发展趋势，把理想目标分解成若干可操作的小目标，灵活规划自我。

社会分析：社会在进步、在变革，作为即将出入社会的大学生们，应该善于把握社会发展脉搏，包括当今社会、政治、经济发展趋势；社会热点职业门类分布及需求状况；园林工程技术专业在社会上的需求形势，自己所选择的单位在未来行业发展中的变化情况以及在本行业中的地位、市场占有率和发展趋势等。对这些社会发展趋势问题的认识，有助于自我把握职业社会需求、使自己的职业选择紧跟时代脚步。

就业单位分析：当然这个分析可以放到找到工作后进行。就业单位将是你实现个人抱负的舞台。西方关于职业发展有句名言是这样说的："你选择了一种生活"。就业之后，需要了解所就业公司的文化、发展前景等。根据职业方向选择一个对自己有利的职业和得以实现自我价值的单位，是每个人的良好愿望，也是实现自我的基础，但这一步的迈出要相当慎重。一些国际化大公司（如西门子公司）就特别鼓励优秀员工根据自身能力设定发展轨迹，一级一级地向前发展。他们认为最好的人才是"有很好的人生目标，不断激励自己"，并提出"员工是企业内的企业家"的口号，给员工以充分的决策和施展才华的机会。

人际关系分析：个人处于社会复杂环境中，不可避免地要与各种人打交道，因而分析人际关系状况显得尤为必要。现在，一些大学生的社会实践少，实际解决问题的能力弱，只学到书本知识，没有掌握学习方法，缺乏团队精神，也缺乏人际沟通能力和建立人际关系的能力。人际关系分析应着眼于：个人职业发展过程中将与哪些人交往，哪些人将对自身发展起重要重用；工作中会将遇到会什么样的上下级、同事及竞争者，对自身会有什么影响，如何相处、如何对待；等等。

（四）明确选择职业方向

通过以上自我分析认识，我们要明确自己该选择什么职业方向，即解决"我选择干什么"的问题，这是个人职业规划的核心。职业方向直接决定着一个人的职业发展，职业方向的选择应遵循职业生涯规划的四项基本原则，结合自身实际来确定，即选择自己所爱的原则，就是你必须对自己选择的职业是热爱的，从内心自发地认识到要"干一行，爱一行"。只有热爱它，才可能全身心地投入，作出一番成就；择己所长的原则，就是要选择自己所擅长的领域，发挥自我优势，注意千万别当职业的外行；择世所需的原则，就是指所选职业只有为社会所需要，才有自我发展的保障；"服务社会、实现自我"的原则，就是应该本着"利己、利他、利社会"的原则，选择对自己合适、有发展前景的职业。

（五）规划未来

立足现在，规划未来。一个具有良好教育背景的人，不应该只看到眼前的利益，志向应该远大一些。有的学生会认为自己一没有家庭背景，二没有热门专业，由此认为自己没有未来；实际上，在工作过程中，总有人脱颖而出。但是否脱颖而出并不取决于起点的高低、家庭条件的好坏、专业的热门与否，脱颖而出的人只不过是多了一些可以利用的资源罢了。"人生最大的困扰就是甘于平庸"，而不是有没有深厚的家庭背景。"七十二行，行行出状元"，在大学生的人生事业中，只要有理想、有毅力，那又有谁能否认他们会有一个辉煌的未来？

规划未来，就是如何规划和预测个人从低到高一步一个脚印拾级而上，预测工作范围的变化情况，如何应对未来工作中的挑战，如何改变自己的努力方向，以及如何分析自我提高的可靠途径。如某人想从事销售工作并想有所作为，那么他的起步可以从业务代表做起，在此基础上努力，经过数年逐步成为业务主管、销售区域经理、销售经理，最终达到公司经理的理想生涯目标。

三、学生职业规划的步骤

大学生职业生涯规划包括四个步骤：评估自我、确定短期和长期的目标、制订行动计划和内容、选择需要采取的方式和途径等。在此，可以借鉴美国职业指导专家霍兰德所创的职业性向测验，他把个性类型分为现实性、研究性、社会性、企业型和常规性六种类型，任何一种个性大体上都可以归属于其一种或几种类型的组合。通过类似的职业性向测验我们能够更好地实现个性与职业之间的匹配。

一年级为试探期：要初步了解职业，特别是自己未来所想从事的职业或与自己所学专业对口的职业，提高人际沟通能力。可以多和师兄师姐们进行交流，尤其是大四的毕业生，了解他们的就业情况。大一学习任务还不重，要多参加学校的活动，增加交流技巧；学习计算机知识，争取能够通过计算机和网络辅助自己的学习；多利用学生手册，了解学校的相关规定。为可能的转专业、获得双学位、留学计划做好资料收集及课程准备工作。

二年级为定向期：应考虑清楚未来是否继续深造或就业，了解相关的活动，并以提高自己的基本素质为主，通过参加学生会和社团组织等形式，锻炼自己的各种能力，同时检验自己的知识技能；可以开始尝试兼职、社会实践等活动，并要持之以恒，最好能在课余时间从事自己未来职业或本专业有关的工作，提高自己的责任感、主动性和受挫能力，增强英语口语能力，增强计算机应用能力，通过英语和计算机的相关证书考试，开始有选择地辅修其他专业的知识充实自己。

三年级为冲刺期：因为临近毕业，所以目标应锁定在提高求职技能、搜集公司信息，并确定自己是否报考研究生。如果准备考研，则需要开始搜集一些考研的信息，为考研做准备。可利用寒、暑假参加一些和专业有关的工作，和同学交流求职工作的心得体会，练习写求职简历、求职信，了解搜集工作信息的渠道，并积极尝试加入校友网络，和已经毕业的校友、师兄师姐交流了解往年的求职情况；希望出国留学的学生，可多接触留学顾问，参与留学系列活动，准备 TOEFL、GRE、雅思等考试，至于留学考试资讯，这些可向相关教育部门索取简章进行了解。

四年级为分化期：找工作的就找工作、考研的就考研、出国的就出国，不能再犹豫等待，否则可能失去目标。大部分学生的目标应该锁定在工作申请及成功就业上。这时，可先对前三年的准备做一个总结：首先检验自己已确立的职业目标是否明确，前三年的准备是否已充分；然后，开始毕业后工作的求职，积极参加招聘活动，在实践中检验自己的知识积累和工作准备；最后，预习或模拟面试。积极利用学校提供的条件，了解就业指导中心提供的用人公司资料信息、强化求职技巧、进行模拟面试等训练，尽可能地在做出较为充分准备的情况下进行演练。

从试探期到分化期，四个年级侧重点不同，选择需求采取的方式和途径也不尽相同，要根据自己的长期目标，因人而异地规划未来。人生的伟大目标都是从养活自己开始的，立足生存，追求梦想，这就是从卑微的工作干起的基本意义所在。

四、学生职业规划应用举例——以园林工程技术专业为例

陈某是广东某大学的大一新生，为了避免大学毕业后的就业走弯路，她根据自己所掌握的职业规划知识为四年大学生活画了一幅蓝图：

首先，进行自我评估。根据大家的评价和各种测验，发现自己是一个较为外向开朗的人，她对社会经济问题感兴趣，擅长分析，对数字很敏感，语言表达能力强。弱点：气势压人，不够合作；考虑问题深度不够，文字表达能力欠佳。

其次，确定短期和长期目标。短期目标：加强文字表达和沟通能力，英语表达流畅；专业学习上有成果。长远目标：毕业后进入国际知名管理顾问公司。然后开始制订行动计划，选择需要采取的方式。她的计划大体如下：

（一）一年级

目标：初步了解园林工程职业和专业内容，提高人际沟通能力。

主要内容有：和师兄师姐们进行交流，询问就业情况；参加学校活动，增加交流技巧；学好高数和英语等基础课程，学习计算机知识，通过全国计算机二级考试和大学英语四级考试，考取 AutoCAD 技能证书。

全面认识园林工程系统应用。

（二）二年级

目标：提高基本素质。

主要内容有：通过参加学生会或社团等组织，锻炼自己的各种能力，同时检验自己的知识技能；尝试兼职、社会实践活动，并持之以恒；提高自己的责任感、主动性和受挫能力；增加英语口语能力，增强计算机应用能力。

集中精力学好工程热力学、流体力学、传热学、建筑环境学等理论基础课程，争取通过大学英语六级考试。

（三）三年级

目标：提高求职技能，搜集公司信息。

主要的内容有：撰写专业学术文章，提高自己的见解；参加和专业有关的暑期工作，和同学交流求职工作心得体会；学习写简历，求职信；了解搜集工作信息的渠道，并积极尝试。

确定专业学习主攻方向，集中精力学习制冷技术、通风与空调、安装工程造价、建筑设备施工技术等课程，以及工程经济学、项目管理等选修课程。

（四）四年级

目标：工作申请，成功就业。

主要内容有：对前三年的准备做一个总结。然后，根据自身专业学习状况和兴趣择业（如

就业、创业、留学、考研、考公务员等），开始毕业后工作的申请，积极参加招聘活动，在实践中检验自己的积累和准备。预习或模拟面试、参加面试等，并结合择业目标确定设计替补，撰写发表 1~2 篇有一定价值的专业论文。

　　积极利用学校提供的条件，了解就业指导中心提供的用人公司资料信息、强化求职技巧、进行模拟面试等训练，尽可能地在做出较为充分准备的情况下进行实战演练。

第六节　大学生（园林专业）职业生涯规划书范文

一、前　言

　　今天，在这个人才竞争的时代，职业生涯规划开始成为人生争夺战中的另一重要利器。对企业而言，如何体现公司"以人为本"的人才理念，关注员工的人才理念，关注员工的持续成长，职业生涯规划是一种有效的手段；对每个人而言，职业生命是有限的，如果不进行有效的规划，势必会造成生命和时间的浪费。作为当代大学生，若是带着一脸茫然踏入这个拥挤的社会，怎能满足社会的需要，使自己占有一席之地？因此，我试着为自己拟订一份职业生涯规划，将自己的未来好好地设计一下。有目标才会有动力！有动力才会有成功的可能！

二、客观认识自我

（一）自我分析

1. 姓名：×××

2. 兴趣、爱好

　　就自身而言，我认为自己的兴趣与爱好其实是比较广泛的。具体地讲，自己对物理、自然以及音乐方面比较感兴趣，同时还比较关心体育方面的新闻。而我的爱好也是基于这些兴趣之上的，喜欢科普、喜欢看书、喜欢听音乐、喜欢交朋友等。

3. 性　格

　　（1）性格的态度特征：我的性格是诚实、正直的，相对谦虚但不乏张狂，在做事情时认真勤奋、责任心强，同时有一定的创新意识。在与同学及其他人的交往中比较大方，同时自己做事情虽然细心但有时还是会出一些小错误。我的家在山东青岛，青岛的秀丽、大海的宽容在我身上得到了体现。

　　（2）性格的情绪特征：我的性格在情绪上是非典型温和型，比较稳重、理性，但爱憎分明，办事利落，讨厌拖沓。

　　（3）性格的意志特征：我的性格在意志方面是比较果断、顽强的，有点倔强，对一些事情不会轻易放手。在对事物的预知上属于乐观型，但同时有比较强的忧患意识。

（4）性格的理智特征：在感知注意方面，我是属于那种主动观察的类型；在想象方面，我是属于主动想象的类型，是那种发散型的类型，同时我认为自己在做事情的时候是现实主义与浪漫主义的结合。如果按照美国霍兰德的职业兴趣理论的分析，我认为我是属于企业型的职业兴趣者；按照美国人才专家对人们职业定位类型的划分，我认为我是管理型的人。

4. 能　力

在一般能力上，我认为我的智力还是中等偏上的，注意力比较集中，善于观察，思维比较开阔，想象力较强。在特殊能力，也就是我的特长上，我认为自己并没有什么特长，只是依据自己的兴趣对一些事情投入，或许会做得较好一点。比如：在语言表达能力及动作协调能力方面我表现不是很好，但是空间判断能力表现很突出。

5. 潜　能

（1）在能力上，我自知自身能力比较欠缺，可能与其他同学有差距，但是相信通过大学近几年的学习生活与锻炼，我的社会交际能力会有很大的提高，组织领导能力、实践能力也会得到提升。

（2）相关经历：在学校里面，我积极参加学校活动，积累了一定的组织和管理能力。同时，我会充分利用寒暑假时间进入一线园林施工现场或者园林工程设计单位实习，工学结合、理论联系实际，丰富自己的经验。

（3）相关知识：我们大二开设专业课，我对专业知识有一定的了解，在基本的课程上，我的基础课程较好，也有一定的英语水平，但是口语较差。

（4）个人品质：在个人品质方面，我的道德是很好的，拥有强烈的同情心，自己也没有多少不好的个人习惯。同时，会较多考虑他人感受。

（5）人生格言：坚持就是胜利。

总的来说，我认为我的潜能还是比较大的，因为我相信自己可以的，我一直对自己有很强的自信心，相信自己在以后会有比较大的发展空间，当然这是建立在自身努力的基础上的。

6. 专业技能简介

学习课程有园林规划设计、园林制图、AutoCAD、3Dmax、Photoshop、插花艺术、树木学、园林工程测量、园林工程预算等。实践课程有工程测量、树木识别、园林规划设计等。

7. 小　结

"金无足赤，人无完人"，没有一个人是十全十美的，我们都有自己的优缺点，我当然也不例外，所以我必须对自己的优缺点有清醒的认识。

（二）自我认知

1. 我的优点

（1）我的兴趣比较广泛，对事物的接受能力强。

（2）社会实践能力以及组织协调能力较强。

（3）对人诚恳，大方，喜欢与人交流，社会交际能力强。

（4）特长虽然没什么特别突出的，但我认为我开朗的性格以及较强的交际、实践能力就是我的特长，同时计算机水平较高。

（5）忧患意识较强，做事情计划性较强。

（6）我自问不是什么聪明的人，但我相信我的智商是中等偏上的；在道德上虽然不是高尚的人，但起码我认为自己不会破坏社会道德，我的同情心是很大的。

2. 我的缺点

（1）由于性格比较直，所以有的时候或许会得罪一些人。

（2）我的另一个大缺点是脾气有点倔强，认定的事情就一定要做到而且要做好。

（3）实践的经验还不丰富，对许多方面的知识了解不够，且没有积极地去学习。

通过以上的评估分析，我加深了对自己的了解。总的来说：乐观积极，对生活充满激情，这使我在人际交往方面有很大的优势，对今后的职业发展会起到很大帮助。

三、职业分析

（一）环境分析

中国政治稳定，经济持续发展。从2000年开始的一系列规划设计已经让上海成为当代世界城市规划的创作室：2002年紫竹科学园区、外滩源、北外滩、上海船厂、多伦路地区的规划设计，2003年的外滩中央商务区、东外滩、复兴岛、293平方公里的临港新城、11.51平方公里的国际医学园区。所有这些概念性设计都将在2005年进入细分型设计阶段，无疑又是一个极好的商机！除此之外，越来越多的地方被开发，2008的奥运会选择了北京，2010的世博会花落上海，一时之间，以此为中心的公共建设项目和相关商业项目纷纷上马，巨型体育场馆、奥运村、购物中心、会展中心、豪华公寓、政府大楼拔地而起，中国的建筑设计因此而成为全世界瞩目的焦点！

另据美国捷得建筑师事务所统计，2003年中国建筑市场的设计费用超过90亿美元。第十二个五年规划伊始，房地产业就高居不下，那么，与之相配套的园林景观工程毋庸置疑的也是一块散发着诱人香味的巨型蛋糕！中国正在为所有的优秀建筑设计师实现宏大理想提供千载难逢的机会！因此，园林工程技术专业的就业前景还是相当不错的。

（二）专业认识

1. 园林工程技术专业的重要性

园林专业是融生态、文化、科学、艺术为一体的园林建设，可以优化环境，促进人类身心健康，陶冶人们的情操，提高人们的文化艺术修养、社会行为道德和综合素质水平，全面提高人们的生活质量。

在几千年的历史长河中，我国颐和园、圆明园、拙政园、留园、个园、紫竹院、十笏园等一大批古典园林，都是专供皇族、官僚和巨商欣赏、享用的。

新中国成立以后，党和政府非常重视提高人民的生活水平，建立了园林绿化管理部门，在城市大搞绿化，建立典雅美丽的公园；在农村和荒山大搞植树造林。祖国大地花草树木相映生辉，一片繁花似锦，人民的生活环境一天天改善。

近年来，我国经济飞速发展，城市人口急剧膨胀，环境污染日益严重，发展园林建设，阻止环境恶化，已成为当务之急。

主干课程：美术、设计初步、园林植物生理生态、园林植物繁殖与苗圃管理、花卉栽培学、园林树木学、园林植物遗传育种学、观赏植物采后生理与技术、园林史、园林绿地规划、园林设计、园林工程、园林建筑等。

2．园林工程技术人才的需求状况

当前，大中城市普遍兴建园林城市，小城市园林建设也普遍上了新台阶；机关单位、学校、工厂、医院、军营乃至乡镇驻地都搞起了园林绿化；部分经济发达的农村也兴建了小型公园。在园林建设突飞猛进的形势下，园林技术人才稀缺的矛盾已经突显。近年来，园林工程技术专业的毕业生供不应求。

3．园林工程技术专业毕业生的去向

本专业技术人才供不应求，主要就业方向的：

（1）省、市、县、乡林业局或科研所。

（2）大、中、小城市园林局、园林处；公园、植物园、动物园、广场、机关单位、学校、工厂、医院、居民区物业公司。

（3）省、市园林科研所。

（4）园林工程公司，园林苗圃、花卉公司等。

园林专业是一门横跨建筑、生态、艺术三大学科的边缘学科，这种特定的知识结构影响着园林专业学生的就业能力。

（三）行业认识

随着国内经济的高速发展，园林工程技术设计行业从无到有虽只有短短的十五六年时间，但已成为支柱产业并带动一大批相关产业和人员的发展，拥有空前繁荣的市场。园林专业毕业生主要去向是园艺园林、绿化、农林等行政管理部门，高科技生态园，农业综合开发区，现代园艺企业，外贸进出口，各类中外企业，旅游风景区以及科研教育等机构。社会需求稳定，就业门路广，可从事景观设计、花卉栽培与养护、苗木栽培与繁殖等行业。中小花卉、园林企业和民营企业已成为园林类毕业生就业的主渠道。

（四）优劣分析

表　优劣分析

优势因素	劣势因素
会使用 CAD、Photoshop、3Dmax 等软件	知识面不够广，尤其是专业知识
	对相关的岗位了解不是太深
有一定的社会实践经历	专科学历不够优势
有毅力，事业心强	不喜欢传统工作模式，偶尔有心无力
园林设计师需求量大，就业率高	大学扩招，毕业生人数猛增

（五）得出目标

（1）短期目标：2013 年完成学业，顺利拿到毕业证书和相关的资格证书。

（2）中期目标：2013—2017 期间，争取找到与自己专业相关的工作，从基层做起，累积经验，赢得别人对自己的信任与认可；通过不断努力工作，赚取足够的创业资本。

（3）长期目标：2017 年以后，在自己已有的成绩和积攒的创业资金上，根据自己的喜好和多年的工作经验创办自己的事业。

四、职业定向

（1）目标职业名称：园林规划设计师。

（2）岗位说明：园林规划设计，是用专业知识及技能，从事园林绿化规划建设等方面工作的专业设计人员。

（3）工作内容：园林绿化规划建设、景观规划设计等。

（4）任职资格：有 CAD 等制图软件操作技能。

（5）必要条件：园林规划设计师需要拥有园林建筑学、园林植物学、美学等方面的素养及专业技能；需要较强的人际交往能力、表达能力和较多的经验。

五、计划实施与方案

（一）计划实施

（1）2010 年—2013 年完成的主要内容：取得学历，完善知识结构，获得大学专科文凭；把握实习机会。

（2）2013 年—2017 年完成的主要内容：进入对口单位，积累工作经验，提高专业水平。

（3）2017 年—2022 年完成的主要内容：

① 工作情况：进入一所园林设计院工作，有较好的收入。

② 学历、知识结构：获得一级园林师资格，不断进修，使自己升值。

③ 个人发展状况：结识一些建筑界的精英人物，提高人际关系网的质量。

（4）2022 年以后：要有自己的设计风格，成为设计所的主将。

（二）具体实施方案

（1）大学第一年：努力学好专业知识，其他基础课至少要及格；参加不同社团，锻炼口才，广交朋友，建立良好的人际关系。

（2）大学第二年：认真学习，阅读大量关于园林的书籍，多看各类优秀设计的图片和图纸；积极与前辈交流，锻炼自己的交际能力。

（3）大学第三年：开始有自己的设计风格，提升内涵；有创新精神，开始注意实习和找工作的事情。

六、 评估调整

总体来说，这是我这 12 年的职业规划书，自我感觉目标明确。世间变化无处不在，所以以后行动过程有些变化是正常的，但是作为一个有规划的人，我会努力按照自己的规划书去做。

七、 结束语

世上的事物你很难得到"最好的"，理性的人懂得如何选择"较好的"。计划固然好，但更重要的在于其具体实践并取得成效。任何目标，只说不做到头来都会是一场空。然而，现实是未知多变的，定出的目标计划随时都可能遭遇问题，要求有清醒的头脑。事业的选择与发展正是在这种一次次变得"更好"的轨迹上得以实现的。通过沟通、分析、综合评估、执行，形成一种理性的思维，这样明确了方向，更向成功迈进了一步。即使今后的工作和目标有所偏差，也不会差距太远。还有一点就是，不能随意更改自己的规划，要坚持自己的目标，勇于面对挫折。每个人心中都有一座山峰，雕刻着理想、信念、追求、抱负；每个人心中都有一片森林，承载着收获、芬芳、失意、磨砺。一个人，若要获得成功，必须拿出勇气，付出努力、拼搏、奋斗。

成功，不相信眼泪；成功，不相信颓废；成功，不相信幻影。未来，要靠自己去打拼！

第七章 高职高专毕业生就业与创业

第一节 高职高专毕业生就业的基本要求与注意事项

一、就业基本要求

高职专业所覆盖的职业岗位群对专业知识、技能、职业道德、综合素质等方面都有很高的要求。毕业生应当掌握必需的文化基础、理论知识与专业知识，具备良好的职业道德精神和创新精神，并掌握就业技巧，才能寻找到理想工作，使自己的所学得以发挥。

（一）增强在择业中的自信心

择业目标确立之后，毕业生在实现这一目标的过程中，一定会遇到这样或那样的问题和困难、经受意想不到的考验，有些毕业生可能就会因此而产生思想压力和心理上的不平衡。在这种情况下，具有坚定的自信心是非常重要的。第一，毕业生要相信自己的知识和能力，即使目前自己已经具有的知识和能力尚有欠缺，也要相信自己能胜任工作，并且能够在最短的时间内掌握新的知识，具备新的能力。第二，毕业生要汲取自信的资本以坚实的知识基础、良好的素质、雄厚的实力和宽广的发展潜力去稳操胜券。第三，毕业生要发挥自己的优势，以自己的特长去开创主动局面，积极弥补不足之处，消除择业竞争中的被动因素。第四，毕业生要善于控制自己的情绪，学会摆脱情绪低落的方法和技巧，如听音乐、打球、换环境、散步等，力争始终以饱满的精神去参与竞争。

（二）准确把握择业期望值

所谓择业期望值，是指毕业生希望获得的职业位置对自己在物质上、精神上的需求的满足程度，如工资收入、福利待遇、工作环境和条件，以及受到同事尊重和领导器重的程度、自己的能力和特长得以施展的程度等。

近几年，高职高专毕业生的择业期望值普遍居高不下，已经影响到了毕业生的顺利就业。有些毕业生由于没有认清形势，期望值过高，不能摆正自己的位置，多次"碰壁"后不能调整好自己的心态，刻意追求"最满意"的结果，从而错过了其他机会，有时甚至造成了无业可就；有些认为自身条件好的毕业生，在择业过程中"脚踏几只船"，"这山望着那山高"，不能及时调整就业期望值，以致后来处于高不成低不就的尴尬局面。因此，毕业生要适时地调整自己的择业期望值。那么，如何把握好择业期望值呢？

首先，从思想观念上讲，应该注意防止和克服图虚荣、图享受、图安逸等错误倾向，因为高职高专毕业生的初始就业去向就是面向生产一线。学成从业，服务社会，实现自身价值是实现每一位大学生的美好愿望。但是，有些毕业生在择业过程中，由于虚荣心作怪，不顾主客观条件，一心只想找一份让人羡慕的工作，或在同学中盲目攀比；有些毕业生只注重优越的工资待遇和生活条件，所谓"只要待遇好不管做什么都好"；有的毕业生只选择地点不考虑工作性质，也不考虑专业是否对口。这些只图一时实惠和享受，不顾国家需要和个人今后发展的思想，难免会在择业和未来工作的洪流中被淹没。有的同学害怕吃苦，不愿到边远地区或艰苦行业就业，这也是导致一些同学择业出现偏差的重要原因。

其次，毕业生在择业时一方面要结合自身的兴趣爱好、专业特长、实际能力等情况；另一方面还要结合社会的现实需要，注意理想与现实的统一。

最后，毕业生要注意将"分步走"和"及时调整"相结合，将总的期望值分解成若干个可行阶段，逐步付诸实施，并在实施过程中根据情况变化及时调整，首先满足主要愿望，切不可一成不变。

（三）积极把握择业中的机遇

首先，毕业生要明确择业的标准。当你站在人生选择的交叉点上时，你是选择城市，还是选择乡镇？是选择国有企业，还是选择"三资"企业、私营企业？是选择争相涌入的热门单位，还是选择急需人才的艰苦行业？面对种种选择，最重要的一条是要把握一个客观又现实的标准，也就是说，哪里最能发挥自己的才能，就要想方设法去哪里。

其次，毕业生要明白就业的相对性，有的信息对别人来说是机遇，但对自己来说却不一定合适；某些别人认为不怎么好的工作单位，你去了也许就能成就一番事业。所以，作为一个既有一定知识又有一定分辨能力的大学毕业生，绝不能人云亦云，必须善于从若干信息中选择适合自己的信息。

再次，毕业生要明确机遇的时效性。常言道，"机不可失，失不再来"。通常情况下，许多用人单位的需求信息是面向全国发布的，你不把握这个机遇，其他毕业生也许就会抢先。退一步讲，即使是明确到本校的社会需求信息，你不及时利用，别人也会捷足先登。因此，当得到社会需求信息时一定要果断作出选择，否则就会捡了芝麻丢了西瓜，得不偿失。

最后，毕业生要明确机遇的必然性。只要你平时注意从知识、能力、品格诸方面完善自己，不断提高自身的综合素质，你就会发现，机遇到处都有，即使现在没有，将来也会有。

（四）按照社会需要塑造自己

目前，社会最欢迎的大学毕业生主要有以下几种类型：第一类，思想政治素质良好的毕业生，如优秀毕业生、党员和担任过主要学生干部的毕业生。用人单位，尤其是一些管理岗位，在挑选毕业生时往往把学生的思想政治素质放在第一位。第二类，有事业心和责任感、能吃苦的毕业生。这类毕业生能够把事业放在第一位，踏实肯干，能与单位同甘共苦，因而是很多用人单位所希望得到的。第三类，懂专业、会管理、善交际、外语水平高的毕业生。这些毕业生精力旺盛、基础扎实、自学能力强、知识面宽，往往一专多能，既可以搞专业，又可以抓管理，还可以负责外联。他们往往能力强，工作入手快，在单位或工作中发挥的作用明显，因而是许多大型企业青睐的对象。

（五）按照用人单位的要求充实自己

毕业生与用人单位签订了就业协议、落实了就业计划，并不意味着自己可以放松，可以无忧无虑了。事实上，毕业生在落实了工作单位之后，必须按照不同单位的不同需求，有针对性地充实和完善自己。第一步，毕业生要尽可能多地了解用人单位的情况，如该单位的历史沿革和发展前景、单位性质和业务范围、社会声誉和地位、相关领域其他单位的现状和发展势头等。对于这些情况，毕业生都应该做到心中有数。第二步，毕业生要了解用人单位对自己的录用意图、自己到单位后即将从事的工作和岗位以及工作岗位对自己的知识、技能等方面的具体要求等，从而做到有的放矢，利用毕业离校前的时间抓紧学习，进一步充实自己，以求到用人单位后能迅速适应岗位，胜任工作。第三步，毕业生要主动创造条件，力争提前进入角色，若能寻找机会去签约单位进行实习是最好的。那样就可以借此机会，对该单位的工作和管理等情况有更清楚的认识，从而缩短进入单位的适应期。

二、就业注意事项

毕业生进入职场，将面临与学校截然不同的环境。因此，学习与掌握相关法律法规，依法维护自身权益，成为每一位大学生今后畅行职场的必修课。

（一）如何签订就业协议

三方协议是由毕业生、用人单位和学校三方之间就学生就业方向签订的一种协议，由三方共同签署后生效。确定就业意向后，毕业生必须签订学校统一发放的《全国普通高校本专科毕业生就业协议书》。就业协议书须经过毕业生与用人单位双向选择达成，毕业生与用人单位签订的其他就业协议书无效。

签订就业协议前应充分了解用人单位的基本情况，如单位性质、能否解决编制与户口、服务年限、工资及福利、违约责任等，抓住实质性内容。

现行的毕业生就业协议属"格式合同"，但"备注"部分允许三方另行约定各自的权利义务。为了防止用人单位承诺一套做一套，毕业生可将签约前达成的休假、住房、保险等福利待遇在备注栏中说明，如发生纠纷，可以及时向法庭举证，维护自己的合法权利。

就业协议在毕业生到单位报到、用人单位正式接收后自行终止。就业协议是明确毕业生、用人单位、学校三方在毕业生就业工作中的权利和义务的书面表现形式，它不同于劳动合同。劳动合同是毕业生上岗后，从事何种岗位、享受何种待遇以及相关的权利义务的法律依据。应注意就业协议和劳动合同的衔接。

签订就业协议本来是出于保护学生的目的，而且协议上也明确规定了学生就业后就执行劳动合同，已签订的就业协议不再生效。实际上，在签订就业协议后，不少单位在试用期间就不再签订劳动合同，所以往往会出现学生在试用期间要跳槽，按照《中华人民共和国劳动法》（以下简称《劳动法》）不需要承担违约责任，用人单位则以就业协议为依据向学生提出索赔要求。按照有关规定，就业协议不能代表劳动合同和聘用合同，但实际上，就业协议对毕业生和用人单位却又相当于劳动合同，它甚至可以对劳动合同的期限也进行约定。如果，就业协议签订时的约定内容不能与随后签订的劳动合同或聘用内容吻合，就可能在毕业生和用人单位之间产生纠纷。由于就业协议内容不规范，一些用人单位担心毕业生随意违约，在劳动合同中就不约定试用期或者是在试用期不签订劳动合同，这也使一些单位有机可乘，甚至利用不约定试用期而把试用期的学生当作廉价劳动力，不断更换试用期的毕业生。求职时，大学生处于弱势地位，常被迫接受单位的不平等条款，就业协议中违约金的数额没有明确，完全由单位和学生协商而定，而由于学生维权意识的缺乏以及学生在求职中处于相对弱势地位，就使得就业协议从某种程度来说成为"霸王合同"。所以，毕业生在签订就业协议时，必须慎重！

（二）如何签订劳动合同

毕业生到用人单位后，一般都要签订劳动合同。但由于毕业生对《中华人民共和国合同法》、《劳动法》以及相关人事政策不特别了解，在签订合同时总是心存顾虑。那么，劳动合同应该怎样签，签合同时应注意什么呢？

1. 劳动合同的必备条款

（1）劳动合同的期限，即劳动合同从哪一天开始到哪一天结束。目前就期限来说，我国的劳动合同可以分为固定期限、无固定期限以及完成一定工作为期限等几种。在白领中，固定期限劳动合同比较普遍。固定期限的劳动合同应明确劳动合同的开始期限和终止期限。但是已经在同一用人单位工作十年以上的白领，同样可以要求与用人单位签订无固定期限的劳动合同。无固定期限的劳动合同应明确劳动合同的开始期限及终止条件。

（2）工作内容，即从事的工作和工作岗位。应当尽量明确地书写，做到定岗定位，因为岗位的设定直接关系到劳动者是否能够胜任工作、是否负有保密责任以及续订合同时是否可以约定试用期等一系列问题。

（3）劳动保护和劳动条件。很多人在阅读劳动合同时往往不太注意这部分内容。实际上，这部分恰恰是劳动合同的最大板块，其内容几乎涵盖了半部《劳动法》，第四章"工作时间和休息休假"、第六章"劳动安全卫生"、第七章"女职工和未成年工特殊保护"、第八章"职业培训"、第九章"社会保险和福利"等规定，都具体反映在这一部分。

（4）劳动报酬。一般应写明劳动报酬的具体数额或计算方法及支付日期，并明确该劳动报酬是税前还是税后。

（5）劳动纪律。《劳动法》中对劳动纪律没有过多规定，劳动合同一般也只做原则性规定。劳动纪律主要反映在企业内部规章制度中，劳动者对此也应做详细了解，因为这涉及今后解除劳动合同的理由是否成立等问题。

（6）劳动合同终止的条件。应当按照法律的有关规定订立，不符合劳动法律法规的规定，不具有终止劳动合同的效力。如果用人单位将劳动法律法规规定的解除条件约定为劳动合同终止的条件，没有规定承担解约的补偿责任，这种规定是违法的，是无效条款。

（7）违反劳动合同的责任。劳动合同中对劳动者违约金的约定只能包含违反服务期约定和违反保守商业秘密约定两类，其他约定均属无效约定。

以上七个条款是劳动合同生效的法定要件，但是劳动合同的无效不等同于劳动关系的无效。即使劳动合同在形式上存在缺陷，但是只要有劳动关系存在，劳动者的合法权益仍然受保护。

2. 注意事项

（1）劳动合同的内容要全。劳动合同的必备内容包括劳动合同期限、工作内容、劳动保护和劳动条件、劳动报酬、社会保险和福利、劳动纪律、劳动合同终止的条件、违反劳动合同的责任。

（2）要签书面合同，并且要求保留一份合同。现在有些单位用人很不规范，不愿意与职工签订书面劳动合同，想以此逃避责任；也有的单位领导图省事，不与职工签订劳动合同。这是对劳动者极不负责的行为。劳动者有权要求与用人单位签订书面合同。这样，如果发生劳动纠纷、争议，就有法律依据。

（3）试用期内也要签合同，这一点往往被劳动者所忽略。有些单位为了逃避责任，在试用期内往往不与职工签订劳动合同，一旦试用期满，就找种种借口辞退员工，这种方法对用工单位来说既省事又省钱，还可以不对劳动者负任何责任。

（4）在签订劳动合同时，要多听、多想、多看（参看别人的合同），避免签订"口头合同""不完全合同""模糊合同""单方合同"以及一些危险性行业用人单位与员工签订的"工伤概不负责"的生死合同。

（5）一边倒合同不能签。由于劳动者与用人单位相比处于相对弱势地位，所以，某些求职者为了得到一份工作，在求职时面对用人单位制定的劳动合同文本，心里可能有很大的意见，但因怕得不到工作，不敢提出自己的意见；有的人委婉地提出意见，被用人单位拒绝后往往也不敢再坚持己见，只好委曲求全地在合同上签字，先得到这份工作再说。但是从法律角度上看，劳动者在劳动合同上签字，是表示自己对这份合同的认可并愿意遵守和履行这份合同。如果拿不出用人单位在签合同时采用了胁迫或欺诈的证据，就只能被认定为是自己真实的意愿所为，就不能说这是一份无效的劳动合同。

（6）签订劳动和同时，应仔细察看企业是否经过工商部门登记以及企业注册的有效期限。否则，所签订的劳动合同就有可能是一份无效合同。

（7）劳动合同应依法订立。只有主体合同、内容合同、形式合同、程序合同的劳动合同才能产生法律效力，不合法的劳动合同属于无效合同，不受法律承认和保护。

（8）劳动合同字据要准确、清楚、完整、明白易懂，不能用缩写代替或含糊的文字表达，否则就可能在劳动执行过程中产生误解或曲解，从而带来不必要的争议，给用人单位和劳动者双方带来损失，也为合同争议的处理带来困难。

三、试用期如何约定

试用期，顾名思义就是劳动关系的实验阶段，但绝非是用人单位对劳动者的单方试用。试用期是用人单位和劳动者为了了解而相互约定的考察期。在这段期间内，用人单位考察劳动者，劳动者考察用人单位，是双方互相试用的过程。

试用期作为劳动关系的特殊阶段，也是劳动纠纷的高发区。《劳动法》第二十一条规定："劳动合同可以约定试用期。试用期最长不得超过六个月。"具体来说，劳动合同期限不满六个月的，不设试用期；劳动合同期限在六个月到一年的，试用期最长不超过一个月；劳动合同期限在一至三年的，试用期最长不得超过三个月；劳动合同期限在三年以上的，试用期最长不得超过六个月。

有理由退工。依照《劳动法》第二十五条的规定，在试用期内，用人单位必须有证据证明劳动者不符合录用条件，方可单方解除劳动合同。也就是说，用人单位承担的是完全的举证责任。

依照《劳动法》第三十二条的规定，劳动者在试用期内只要"通知"单位就可以解除劳动合同，无须提供任何理由。

试用期合同无效。根据《劳动部关于贯彻执行中华人民共和国劳动法若干问题的意见》的规定："劳动者被用人单位录用后，双方可以在劳动合同中约定试用期，试用期应包括在劳动合同期限内。"这就是说，试用期不是劳动合同中的法定条款，可以约定也可以不约定。如果约定试用期，则只能在劳动合同中约定，劳动合同是试用期存在的前提条件。不允许只签订试用期合同，而不签订劳动合同。这样签订的试用期合同是无效的，但试用期合同的无效并不导致《劳动法》对劳动者的保护失效。

四、最低工资及劳动时间如何规定

劳动和社会保障部发布的《最低工资规定》指出，在正常情况下，用人单位应支付给劳动者的工资，除去劳动者延长工作时间的所得工资，在夜班、高温、井下、有毒等特殊条件下享受的津贴，以及法律、法规和国家规定的劳动者享受的福利待遇（包括个人缴纳的养老、医疗、失业保险费和住房公积金、伙食补贴、上下班交通费补贴、住房补贴等）外，不得低于当地最低工资标准。对于违反规定的，劳动和社会保障部门将责令用人单位按所欠工资的一到五倍，支付劳动者赔偿金。最低工资标准一般考虑城镇居民生活费用支出、职工个人缴纳的社会保险费和住房公积金、职工平均工资、失业率、经济发展水平等因素。

《劳动法》还规定："劳动者每日工作时间不得超过八小时，平均每周工作时间不得超过四十四个小时"。如果用人单位因生产经营需要，经与工会和劳动者协商后可以延长工作时间，一般每日不得超过一小时，"因特殊原因需要延长工作时间的，在保障工作者身体健康的条件下，延长工作时间每日不超过三小时，但是每月不超过三十六小时"。也就是说，对企业违反法律法规强迫劳动者延长工作时间的要求和行为，劳动者有权拒绝。

五、 如何做简历

给企业准备的简历除了毕业学校、所学专业、性别、年龄、联络方式等基本内容外，还应该包括以下内容：教育背景（包括所有相关的专业技能培训等），与应聘的职位、业务相关的经验，曾经获得过的荣誉及奖励，自我评价（优点阐述）。做简历时还应该注意以下事项：

（1）不要像写论文那样准备厚厚的一本，企业看一份简历的时间一般不超过五分钟，没有哪个企业领导会有耐心读你的"专著"。要善于抓住要点，建议长度不得超过两页 A4 纸。

（2）不要把那些跟职位和工作无关的兴趣爱好都一股脑儿地写进去，如旅游、看小说、唱歌、钢琴九级等，这些兴趣爱好通常不会给你加分。

（3）不要把在学校的各科成绩单都附上，你是去企业应聘，不是申请出国留学。当然，如果你的学习成绩特别优秀，那就写上曾经连续几年拿过一等奖学金，或者成绩全年级第几名等，这就足够了。

（4）简历不要设计过于华丽，这会让用人单位觉得你太会包装自己，把功夫都用在了外表上，甚至会认为你的简历是专门请美术人员"装潢"出来的。

（5）与应聘职位无关的工作经验不要写，根据用人单位的性质对职位的要求，提供足以证明自己能力的背景资料就可以了。

（6）简历中不要面面俱到地展示你所有方面的才能，这样用人单位会抓不住重点。

（7）建议不要在简历中写明最低薪水要求及职位要求，否则你可能会失去面谈的机会，不要自己给自己设定过高的门槛。

（8）简历中要突出经验，如果你所学的专业与应聘的工作非常对口，就尽量突出你的专业背景；如果你的学历背景没有优势，就要想方设法在经验上胜人一筹，好好挖掘自己的经验，如你参加过的所有社会实践和实习活动、所研究过的课题等，尽量提供足以证明你的经验优势的信息。

（9）递交简历时要巧用心思。第一，给对方简历前，要尽量多地提前做些功课，好好上网查查招聘企业的资料并针对性地修改简历，然后再去那个企业应聘。第二，在企业招聘会现场递交简历时要选择人不是很多、很乱的时候，要争取多与招聘人员交流，加深对方对你的印象，最好能让对方把你的简历作上重点标注，或者当时决定约你什么时间去公司再次面试。否则你的简历极有可能被淹没在一堆竞争者的简历当中，永无出头之日。第三，多准备一些自己觉得比较满意、能体现你的气质的近照，在给对方简历的同时也附上你的照片，就会加深对方对你的印象。第四，尽量选择好要应聘的职位，找把握最大的职位应聘，不要在同一个公司应聘多个不同的职位，那样用人单位会觉得你定位不清楚，不是专业人才。

六、 如何面试

不管面试的类型设计得如何科学，拥有让招聘者喜欢的气质才可以增加你获得职位的概率。以下是面试时的一些小技巧：

（1）展现你与面试者和公司文化的相似之处，你们也许并不完全相同，但你应该找出你们兴趣相同的方面，如共同喜欢的电影、工作方法、产品等。如果你成功地使有权决定录用员工的面试者看到了你们的共同之处，如世界观、价值观以及工作方法等，那么你便容易赢得他的好感并因此获得工作机会。

（2）聆听面试者的问题、评论或感受。人们喜欢别人听自己说话，胜于自己听别人讲话。你应该通过总结，复述回应面试者的说话，使对方喜欢你，而不是仅仅注意你要讲什么。

（3）赞美时不要做得太过头。当看到办公室好看的东西时，你可以趁机赞美几句，打破见面时的尴尬，但不要说个没完，多数面试者讨厌这种赤裸裸的巴结奉承。相反，你应该及时切入正题——工作。

（4）讲话停顿时显得是在思考的样子，这样就能使你显得是那种想好了再说的人。这种做法在面对面的面试时是可以采用的，因为面试者可以看得出你在思考而且是想好了才回答。另外，在电话面试和可视会议系统面试时，不要做思考的停顿，否则会出现死气沉沉的缄默。

（5）适当做笔记。随身携带一本小笔记本，在面试说话时，特别是你问完一个问题之后或者是面试者在特别强调某件事情时，你可以适当做笔记，这不仅表示你在注意听，而且也是你对面试者的尊重。

（6）注意仪容。穿着一定要整洁，不一定要穿得正规高档，而是说要干净、清爽，颜色最好浅点，看起来精神抖擞，这会给招聘人员一个较好的初步印象。女生最好只化淡妆，淑女打扮。男女生面部都要干净，头发也要清爽。

（7）注意个人资料及其存放用具。一个破纸口袋或脏塑料袋肯定不如干净利索的文件夹或正式的公文包，哆哆嗦嗦从破纸口袋掏出皱巴巴的资料会让人觉得很低档，这会严重影响形象。个人资料，一般不要用手写，除非你确信你的字让人赏心悦目；电脑打印也要注意版面、字体，让人感觉既正规又清爽，这种资料招聘人员愿意仔细看。

七、就业安全注意事项

由于缺乏社会经验以及求职的迫切，毕业生在求职过程中可能会遇到这样或那样的陷阱或骗术，注意不要被这些"诱饵"所迷惑。

（一）中介骗局

许多毕业生由于在校园招聘会上没能找到适合的单位，就把眼光投向了职业中介。然而往往有些人，打着职业中介的幌子，专门干骗钱的勾当。当职业者交了数目不菲的中介费后，他们就会列出一堆要么不招人、要么不招大学生的单位名单，甚至有的单位根本不存在。当求职者回头找他们退钱时，要么找不到人，要么他们无理抵赖，毕业生甭想从他们口袋里找回损失。

对策：毕业生求职的主会场一般是校园招聘会和各地主管部门主办的各类招聘会，不少职业中介尤其是"两三个人，一两部电话"的微型职业中介的可靠性实在令人怀疑。如果在招聘会上没能找到工作，毕业生也应该到正规合法的人才交流中心登记，或到学院推荐的正规中介寻求就业机会。

（二）招聘会骗局

现在就业越来越成为社会的热点，与此同时，一些以牟利为目的的机构也试图涉足这个新兴市场。尽管国家对毕业生就业市场有明确的规定，但大学生在求职过程中，在就业市场总会发现一些不该出现的身影，因为他们组织的招聘会不是参加的单位数量严重缩水，就是招聘单位"出工不出力"，只是摆个样子，收了求职者的简历后便无声无息了。

对策：国家规定，只有高校主管部门才能组织不以营利为目的的毕业生就业市场，其他机构举办这类就业市场必须得到高校主管部门的批准。因此，毕业生在参加招聘会时一看组织者，二看票价，通常来说面向毕业生的就业市场要么免费要么票价很低。

（三）电话骗局

现在很多毕业生都通过网络或报纸求职，其中有许多毕业生在网上登记了求职简历，并留了相应的联系方式。求职者在收到用人单位的回应时，一般会主动去联系，有些人正是因为这一点，让求职者给收费很高的信息电话回电话，并拖延时间，以骗取高额的电话费。

对策：一些收费高的信息电话号码与普通电话是不一样的，他们一般都是以"268/168"等为开头，除了信息台自己外，没有一家企业会用这种号码作为工作电话号码。收到这种电话号码时，坚决不回。

（四）合同骗局

对于与用人单位达成就业意向的毕业生，下一步应该是与用人单位签订就业协议书。然而许多用人单位通常会与毕业生另签一份劳动合同，而且这种合同一般都是格式合同，有些合同条款对毕业生明显不公平，而且不允许更改，用人单位往往以不签不录用要挟毕业生签订合同。

对策：国家法律规定，带有明显不公平和对合同制定方具有免责条款的格式合同无效。毕业生在与用人单位签订合同时应该具有一定的法律知识，既要有恪守合同的责任，也应该有保护自己合法权益的意识，同时在签订合同时应当咨询学校、老师的意见。

（五）试用骗局

在求职过程中，用人单位一般都需要毕业生到工作岗位后有一个月到六个月的试用期。有一些单位正是钻了这段不短不长的试用期的空子。在求职者上岗后，要么说你不合格，要么就少付工资，或者到期后故意找茬辞退，总之就是让求职者白干活。

对策：国家规定毕业生在试用期间应该获得相应的工资待遇。毕业生最好是在工作之初与用人单位签订正式的合同，对双方的责任和权利进行法律上的规范。

（六）宣传骗局

用人单位招聘人才都会对自己进行一番宣传。有些企业的宣传资料中含有很大的水分：要么夸大企业规模，要么给毕业生到公司工作前景"画饼"，总之以相当美好的前途待遇相诱，而实际情况则相差很远。

对策：毕业生在求职时以及在签订就业协议书前要详细了解企业的实际情况，最好实地考察，不要偏听偏信。

（七）承诺骗局

在招聘会上，用人单位的招聘人员为招聘优秀人才，有时会口头承诺毕业生薪酬、住房等方面的一些要求。但当毕业生到单位工作一段时间后发现这些承诺并不能兑现，找单位领导时往往得到的答复是"谁承诺你找谁去"。

对策：口说无凭，以合同为依据，在签订合同时应该附加上当初达成就业意向时约定的条款。

（八）职业骗局

大学生求职时除了选择单位外还要选择符合自己的职位。有的单位虽然按职位招聘，但在毕业生报到后并没有按招聘职位安排毕业生上岗，使得毕业生学非所用，甚至被安排做一些劳动强度相当大的体力活。

对策：就业协议书和劳动合同是保护毕业生合法权益保护的最好武器。毕业生在签订合同时，应该有点"不怕做不到就怕讲不到"的勇气，不让别有用心的人钻空子。

（九）地点骗局

有的单位在全国许多地方都有分部，而参加招聘的往往是总部的人事机构。因此许多毕业生在招聘时会产生错觉，以为是在总部所在的城市就业。另外，有些用人单位也故意不讲明这一点，等到毕业上岗时才发现自己工作所在地并不是当初所想的。

对策：在面谈时应该向企业咨询清楚，同时在签订就业协议书或者劳动合同时应该明确写上工作地点，以免出现理解上的歧义。

第二节　大学生创业

当前，高校普遍面临就业难的问题，以创业带动就业，以创业实现就业，不失为缓解当前高校就业难的一条有效途径，也得到了政府和社会各界人士的肯定和支持。所以，一方面，学校提倡和允许一部分有条件的在校大学生在不影响学业的前提下利用自身优势创业，同时为创业学生提供各种创业指导和服务，开设各类创业讲座和创业教育。同时给予在校大学生创业所需要的场所支持、技术指导等一些必要的服务。另一方面，政府对学生创业也大力支持，并提供政策倾斜与支持，为大学生创业提供贷款优惠、减免税收和法律保护等。良好的创业政策、优越的创业环境，为在校大学生搭建了一个良好的创业平台。

一、当前大学生创业的现状及特点

当前，高校人才培养的规格目标是培养适应经济社会发展需求的高级应用型人才。在校大学生创业作为提高在校大学生实践能力、应用水平和适应经济社会发展能力的有效途径，从一开始就得到了高校的鼓励和支持。然而由于在校大学生作为学生的特殊身份，其创业缺乏经验和指导，创业现状令人担忧。个体单打独斗创业的多，团队创业的少；利用所学专业开展专业性、技术含量高的创业实践少，非专业性、技术含量低的创业居多；大学生创业者大多不能正确处理学业与创业的关系，往往在创业中迷失方向；创业者中成功者甚少，失败者居多。还有一部分在校大学生创业在市场经济的横流中迷失了自我，唯利是图，丧失了大学生的纯真率性；有的经不起市场经济的考验，创业屡屡受挫，滋生了不少心理问题等等。

二、大学生创业的优势与弊端

（一）大学生创业的优势

（1）大学生往往对未来充满希望，他们有着年轻的血液、蓬勃的朝气，以及"初生牛犊不怕虎"的精神，而这些都是一个创业者应该具备的素质。

（2）大学生在学校里学到了很多理论性的东西，有着较高层次的技术优势，而目前最有前途的事业就是开办高科技企业。技术的重要性是不言而喻的，大学生创业从一开始就必定会走向高科技、高技术含量的领域，"用智力换资本"是大学生创业的特色和必然之路。一些风险投资家往往就因为看中了大学生所掌握的先进技术，而愿意对其创业计划进行资助。

（3）现代大学生有创新精神，有对传统观念和传统行业挑战的信心和欲望，而这种创新精神也往往造就了大学生创业的动力源泉，成为成功创业的精神基础。怀揣创业梦想，努力打拼，创造财富。

（4）大学生创业的最大好处在于能提高自己的能力，增长社会实战经验，以及学以致用；最大的诱人之处是通过成功创业，可以实现自己的理想，证明自己的价值。

（二）大学生创业的弊端

（1）由于大学生社会经验不足，常常盲目乐观，没有充足的心理准备。因为创业中的挫折和失败，许多创业者感到十分痛苦茫然，甚至沮丧消沉。大家以前创业，看到的都是成功的例子，心态自然都是理想主义的。其实，成功的背后还有更多的失败。看到成功，也看到失败，这才是真正的市场，也只有这样，才能使年轻的创业者们变得更加理智。

（2）急于求成、缺乏市场意识及商业管理经验，是大学生创业失败的重要因素。学生们虽然掌握了一定的书本知识，但终究缺乏必要的实践能力和经营管理经验。此外，由于大学生对市场营销等缺乏足够的认识，很难胜任企业经理人的角色。

（3）大学生对创业的理解还停留在仅有一个美妙想法与概念上。在大学生提交的相当一部分创业计划书中，许多人还试图用一个自认为很新奇的创意来吸引投资。这样的事以前在国外确实有过，但在今天已经是几乎不可能的了。现在的投资人看重的是你的创业计划真正的技术含量有多高，在多大程度上是不可复制的，以及市场盈利的潜力有多大。而对于这些，你必须有一整套细致周密的可行性论证与实施计划，绝不是仅凭三言两语的一个主意就能让人家掏钱的。

（4）大学生的市场观念较为淡薄，不少大学生很乐于向投资人大谈自己的技术如何领先与独特，却很少涉及这些技术或产品究竟会有多大的市场空间。就算谈到市场的话题，他们也多半只会涉及花钱做做广告而已，而对于诸如目标市场定位与营销手段组合这些重要方面，则全然没有概念。其实，真正能引起投资人兴趣的并不一定是那些先进得不得了的东西，相反，那些技术含量一般但却能切中市场需求的产品或服务，常常会得到投资人的青睐。同时，创业者应该有非常明确的市场营销计划，能强有力地证明盈利的可能性。

三、大学生创业具备的基本能力和硬件

（一）大学生创业具备的基本能力

1. 具有规划人生、确定目标的能力

这一点对年轻人来说，是不容易实现的。尤其是大学生刚出校门，对社会和自己的认识还非常有限。要想清楚地知道自己以后的发展方向在哪里，仅靠自身的苦思冥想是找不到答案的。最好的办法就是通过自己去观察别人，征求"过来人"的意见，再结合自己的实际情况制定一些小的目标，通过确定和实现这些小目标，再慢慢地开始规划自己的人生。

2. 具有决策时的胆识和魄力

作为创业者，你就是团队的灵魂。团队运营后，甚至在筹备之初就会面临各种各样的决策，你的一举一动都左右着创业的发展走向和兴衰。前期创业者可能会广泛地征求亲朋好友的建议，一旦自己能够独立自主后，就必须要通过自己的智慧和胆识去决定各种大小事务。在自主地做出决策时，谨慎是必不可少的，一旦优柔寡断可能就会失去一个绝佳的商业机会。同时，决策的胆识和魄力一定要建立在深思熟虑的基础之上，既要使风险小又要兼顾利益最大化。

3. 具有计划管理的能力

在创业过程当中，要经常性地提前计划或规划一些事情。在制订计划的时候一定要综合各种因素，形成切实可行的动作分解，要将任何可能的细节都考虑在内。而在实施的过程当中要针对当下的具体情况进行，适时做调整。运营需要强有力的计划管理能力，只有具备这一能力才能让自己更靠近创业成功之门。

4. 具有建立和改进店铺管理制度的能力

任何创业如同经营一家企业一样，需要制定各种制度。制度不在于多，而在于是否让所有相关人员都能够明白其道理，并且严格执行。创业者需要针对自己团队的实际情况建立各

种有效的管理制度，包括店员管理、培训、绩效考核等；同时，针对市场的不断发展变化而改进相应制度。只有这样才能够让创业者及其团队立于不败之地，拥有发展的主动权。在此提醒大学生创业者，在制定和改进管理制度的时候，一定要基于客观事实出发，而不要想当然，要极力保证制度的可实施性。

5. 具有管理信息的能力

创业者每天都会通过不同渠道接触各种信息，如竞争对手又开始降价了，明天要下雨，厂家又有新政策等。如何从大量的信息里筛选与自己相关的，再从与自己相关的信息里找到有效的，这需要长时间的锻炼。只有正确有效的信息才能指导各项工作有序开展。对于大学生创业者而言，由于缺乏大量的社会实践经验，所以在接触各种信息的时候，难免会有失偏颇地做一些决定。在大家对信息无所适从的情况下，可以向过来人请教，加以甄别。要在观察和请教别人的过程当中，不断提高自身管理信息的能力。

6. 具有目标管理的能力

创业必须要有明确的目的性。在不同创业阶段需制定明确的目标，把目标进行细致化的分解。一个团队要想得到长远发展，必须得有长远的发展目标。长远的发展目标又可以按阶段分解成不同的小目标，而这些小目标又可以分解到每个相关人。在这个过程当中，作为创业主导者，就需要对不同的目标进行统筹和管理。

7. 具有授权的能力

一个创业团队的发展单靠某一人无法完成，只有充分调动团队每个成员的主动性，才能让团队的发展更加迅速。要让团队每个成员主动工作，必须得让他们认识到他们对于团队的重要性，而授权给队员无疑是最有效的管理方法。授权是建立在对队员的信任基础之上的，队员一旦得到创始者的充分信任，则会更加主动地为创始人分担工作，从而使创始人将精力投入到更加重要的事务当中去。

8. 具备谈判的能力

在创业者人际交往的过程当中，与人谈判的情况必不可少。谈判对创业者的要求是综合多面的，需要创业者有一定的语言能力、心理分析能力、人文素养等。要想在谈判当中占得主动地位，必须要有很强的谈判能力。杰出的谈判能力能够让创业者在谈判过程当中直接获得更多的利益。

9. 具有处理突发事件的能力

创业过程当中，会不可避免地发生一些突发事件，而其中很大部分都是我们想避免的。然而当事情发生的时候，需要我们更为积极地应对。如果这些事情发生在创业者顾客身上，处理得当的话，还能起到广告效果。用心的服务会向顾客者传递负责任的形象。"好事不出门，坏事传千里"，任何一件突发的事件，稍不注意，就会使自己的形象一落千丈，甚至砸掉招牌。处理好每次的突发事件，可化险为夷，甚至通过这些事件的妥善解决，让顾客更加认同你或者你的团队，再借由消费者之口，为你不断传播好口碑。

10. 具有坚守职业操守的能力

"君子爱财，取之有道"，这句话已经流传了几千年了，可见其真理性。几千年来大凡被人记住或称道的都是有一定道德坚守，通过正当的途径实现发家致富的人，如范蠡、乔致庸、胡雪岩等，不胜枚举。作为商人，要尤为珍视自己的操守。我们经常看到一些人，倒卖消费者信息，出卖商业机密，短期内他们有可能获利巨大，但最后都不得善终。透支自己的道德最终将会被唾弃。

11. 具有学习的能力

在现代社会中要想取得不断的成功，必须具备持续的学习能力。市场和行业的竞争日益激烈，大到一个企业，小到个人，要想力争上游，就必须比竞争对手更快地掌握更多的知识，通过不断地学习使自己处于不败之地。对于大学生创业者而言，除了书本的理论知识，更要重视综合能力的学习。

12. 具有社会交往的能力

良好的人际关系，不仅能给人生带来快乐，而且还能助人走向成功。大学生创业者在开始创业后必将会接触到各种不同类型、身份的人，而接触的人大多都跟自己的利益攸关。所以从创业最开始就要学会跟各种人打交道，要尽可能地去结交人脉，认识朋友，舍得给自己投资。在与前辈们的交流和学习当中不断认识到自己的不足，针对性地加以完善。

13. 具有调整心态的能力

创业者经常要与孤独和挫折为伴，绝大多数的创业过程不是一帆风顺的。时下流行一个词"逆商"，也就是说人适应逆境的能力。创业者如何保持乐观而稳定的心态，需要在长时间的历练当中找到方法。而大学生创业者一般都比较心高气傲，有着强烈的自尊。建议刚毕业的大学生要放低姿态，平静地去接受一切可能的打击。同样，在得意时，也要克服骄傲的情绪，切不可沾沾自喜，妄自称大。

14. 具有保持身体健康的能力

身体是革命的本钱，创业者只有身体健康才能够支撑一切的打拼和奋斗。为事业拼搏而废寝忘食的精神非常值得肯定，但是终究不能视之为常态。大多年轻的创业者都会精力旺盛，一旦投入工作中都很难自拔。在创业的过程当中，一定要注意劳逸结合，切莫让自己的健康状况下滑。

（二）大学生创业必备的硬件

1. 经　验

大学生长期待在校园里，对社会缺乏了解，特别在市场开拓、企业运营上，很容易陷入眼高手低、纸上谈兵的误区。因此，大学生创业前要做好充分的准备，一方面，去企业打工或实习，积累相关的管理和营销经验；另一方面，积极参加创业培训，积累创业知识，接受专业指导，提高创业成功率。

2. 资　金

一项调查显示，有四成大学生认为"资金是创业的最大困难"。的确，巧妇难为无米之炊，没有资金，再好的创意也难以转化为现实的生产力。因此，资金是大学生创业要翻越的一座山。大学生要开拓思路，多渠道融资，除了利用银行贷款、自筹资金、民间借贷等传统途径外，还可充分利用风险投资、天使投资、创业基金等融资渠道。

3. 技　术

用智力换资本，这是大学生创业的特色之路。一些风险投资家往往就因为看中大学生所掌握的先进技术，而愿意对其创业计划进行资助。因此，打算在高科技领域创业的大学生，一定要注意技术创新，开发具有自己独立知识产权的产品，吸引投资商。

4. 能　力

大学生由于长期接受应试教育，不熟悉经营的"游戏规则"，技术上出类拔萃，理财、营销、沟通、管理方面的能力普遍不足。要想创业获得成功，创业者必须技术、经营两手抓，建议从合伙创业、家庭创业或低成本的虚拟店铺开始，锻炼创业能力。

四、创业的途径和项目选择

（一）创业途径

1. 学习途径

创业者通过课堂学习能拥有过硬的专业知识，在创业过程中将受益无穷；大学图书馆通常能找到创业指导方面的报刊和图书，广泛阅读能增加对创业市场的认识，大学社团活动能锻炼各种综合能力，这是创业者积累经验必不可少的实践过程。

2. 媒体资讯

一是纸质媒体，人才类、经济类媒体是首要选择，例如比较专业的《21世纪人才报》《21世纪经济报道》《IT经理人世界》。

二是网络媒体，管理类、人才类、专业创业类网站是必要选择，例如中国营销传播网、中华英才网、中华创业网、人才中国网、校导网、大成网创业成都等。此外，从各地创业中心、创新服务中心、大学生科技园、留学生创业园、科技信息中心、知名的民营企业的网站等都可以学到创业知识。

3. 与人交流

商业活动无处不在。你可以在你生活的周围，找有创业经验的亲朋好友交流。在他们那里，你将得到最直接的创业技巧与经验，更多的时候这比看书本的收获更多。你甚至还可以通过电子邮件和电话拜访你崇拜的商界人士，或咨询与你的创业项目有密切联系的商业团体，你的谦逊总能得到他们的支持。

4．曲线创业

先就业再创业是时下很多学生的选择。毕业后，由于自己各方面阅历和经验都不够，到实体单位锻炼几年，积累了一定的知识和经验再创业也不迟。

先就业再创业的学生跳槽后，所从事的创业项目通常也是在过去的工作中密切接触的。而在准备创业的过程中，你可以利用与专业人士交流的机会获得更多的来自市场的创业知识。

5．创业实践

真正的创业实践开始于创业意识萌发之时。大学生的创业实践是学习创业知识的最好途径。

间接的创业实践学习主要可借助学校举办的某些课程的角色性、情景性模拟参与来完成。例如，积极参加校内外举办的各类大学生创业大赛、工业设计大赛等，对知名企业家成长经历、知名企业经营案例开展系统研究等也属间接学习范畴。

直接的创业实践学习主要通过课余，如在大学校园各楼做饮水机清洗消毒有偿服务等，假期在外的兼职打工、试办公司、试申请专利、试办著作权登记、试办商标申请等事项来完成；也可通过举办创意项目活动、创建电子商务网站等多种方式来完成。

6．校园代理

大学生由于经验、能力、资本等方面都存在不足，直接创业存在很大困难，既不现实，成功率也很低。而校园代理对经验、资金等方面一般没有太高要求，可以利用课余时间代理校园畅销产品，积累市场经验、锻炼创业能力。做校园代理没有成败之分，对大学生来说多多益善，如果做得较好，还可以积累一定的资金。总之，通过校园代理可以为毕业后的创业之路准备必要的物质和精神条件。

总之，创业知识广泛存在于大学生的学习、生活视野之中，只要善于学习，总能找到施展才华的途径，但在信息泛滥的社会里，"去粗取精，去伪存真"也是很重要的。善于学习和总结永远是赢者的座右铭。

7．个人网店

大学生是最具活力的群体，也是新技术和新潮流的引导者和受益方。网络购物的方便性、直观性，使越来越多的人在网络上购物。一些人即使不买，也会去网上了解一下自己将要买的商品的市场价。此时，一种点对点、消费者对消费者之间的网络购物模式开始兴起，以国外的ebay为开始、国内的淘宝为象征，吸引了越来越多的人在网上开店，在线销售商品，引发了一股个人开网店的风潮。而大学生正是这一群里的主要力量，不少大学生看到这一潮流纷纷投身个人网店，成功者比比皆是，更有不少大学生选择辍学而投身网店。

8．城市嘉年华

在中小学生的寒暑假，组织艺术、动漫专业的学生，开展城市 cosplay 展，可租用或借用学校的操场，借助人气招揽学生用品摊位、小吃摊，组织城市游乐嘉年华。考虑风险因素，可以租用可移动的充气城堡、电动玩具、动漫水世界等狂欢嘉年华项目。

（二）创业项目选择

（1）选择个人有兴趣或擅长的项目。

（2）选择市场消耗比较频繁或购买频率比较高的项目。

（3）选择投资成本较低的项目。

（4）选择风险较小的项目。

（5）选择客户认知度较高的项目。

（6）可先选择网络创业（免费开店）后进入实体创业项目。

五、大学生创业的相关风险

大学生创业者要认真分析自己创业过程中可能会遇到的风险，这些风险中哪些是可以控制的，哪些是不可控制的，哪些是需要极力避免的，哪些是致命的或不可管理的。一旦这些风险出现，你应该如何应对和化解？特别需要注意的是，一定要明白最大的风险是什么，最大的损失可能有多少，自己是否有能力承担并渡过难关。大学生创业的风险主要有以下几个方面：

（一）项目选择

大学生创业时如果缺乏前期市场调研和论证，只是凭自己的兴趣和想象来决定投资方向，甚至仅凭一时心血来潮做决定，一定会碰得头破血流。

大学生创业者在创业初期一定要做好市场调研，在了解市场的基础上创业。一般来说，大学生创业者资金实力较弱，选择启动资金不多、人手配备要求不高的项目，从小本经营做起比较适宜。

（二）缺乏创业技能

很多大学生创业者眼高手低，当创业计划转变为实际操作时，才发现自己根本不具备解决问题的能力，这样的创业无异于纸上谈兵。一方面，大学生应去企业打工或实习，积累相关的管理和营销经验；另一方面，积极参加创业培训，积累创业知识，接受专业指导，提高创业成功率。

（三）资金风险

资金风险在创业初期会一直伴随在创业者的左右。是否有足够的资金创办企业是创业者遇到的第一个问题。企业创办起来后，就必须考虑是否有足够的资金支持企业的日常运作。对于初创企业来说，如果连续几个月入不敷出或者因为其他原因导致企业的现金流中断，都会给企业带来极大的威胁。相当多的企业会在创办初期因资金紧缺而严重影响业务的拓展，甚至错失商机而不得不关门大吉。

另外，如果没有广阔的融资渠道，创业计划只能是一纸空谈。除了利用银行贷款、自筹资金、民间借贷等传统方式外，还可以充分利用风险投资、创业基金等融资渠道。

（四）社会资源贫乏

企业创建、市场开拓、产品推介等工作都需要调动社会资源，大学生在这方面会感到非常吃力。平时应多参加各种社会实践活动，扩大自己人际交往的范围。创业前，可以先到相关行业领域工作一段时间，通过这个平台，为自己日后的创业积累人脉。

（五）管理风险

一些大学生创业者虽然技术出类拔萃，但理财、营销、沟通、管理方面的能力普遍不足。要想创业成功，大学生创业者必须技术、经营两手抓，可从合伙创业、家庭创业或从虚拟店铺开始，锻炼创业能力，也可以聘用职业经理人负责企业的日常运作。

创业失败者，基本上都是管理方面出了问题，其中包括：决策随意、信息不通、理念不清、患得患失、用人不当、忽视创新、急功近利、盲目跟风、意志薄弱等。特别是大学生知识单一、经验不足、资金实力和心理素质明显不足，更会增加在管理上的风险。

（六）竞争风险

寻找蓝海是创业的良好开端，但并非所有的新创企业都能找到蓝海，更何况，蓝海也只是暂时的。所以，竞争是必然的。如何面对竞争是每个企业都要随时考虑的事，而对新创企业更是如此。如果创业者选择的行业是一个竞争非常激烈的领域，那么在创业之初极有可能受到同行的强烈排挤。一些大企业为了把小企业吞并或挤垮，常会采用低价销售的手段。对于大企业来说，由于规模效益或实力雄厚，短时间的降价并不会对它造成致命的伤害，而对初创企业则可能意味着彻底毁灭。因此，考虑好如何应对来自同行的残酷竞争是创业企业生存的必要准备。

（七）团队分歧

现代企业越来越重视团队的力量。创业企业在诞生或成长过程中最主要的力量来源一般都是创业团队，一个优秀的创业团队能使创业企业迅速地发展起来。但与此同时，风险也就蕴含在其中，团队的力量越大，产生的风险也就越大。一旦创业团队的核心成员在某些问题上产生分歧不能达到统一时，极有可能会对企业造成强烈的冲击。

事实上，做好团队的协作并非易事。特别是与股权、利益相关联的问题，很多初创时很好的伙伴都会因此闹得不欢而散。

（八）核心竞争力缺乏的风险

对于具有长远发展目标的创业者来说，他们的目标是不断地发展壮大企业，因此，企业缺乏自己的核心竞争力就是最主要的风险。一个依赖别人的产品或市场来打天下的企业是永远不会成长为优秀企业的。核心竞争力在创业之初可能不是最重要的问题，但要谋求长远的发展，就是最不可忽视的问题。没有核心竞争力的企业终究会被淘汰出局。

（九）人力资源流失风险

一些研发、生产或经营性企业需要面向市场，大量的高素质专业人才或业务队伍是这类企业成长的重要基础。防止专业人才及业务骨干流失应当是创业者时刻注意的问题，在那些依靠某种技术或专利创业的企业中，拥有或掌握这一关键技术的业务骨干的流失是创业失败的最主要风险源。

（十）意识上的风险

意识上的风险是创业团队最内在的风险。这种风险无形，却有强大的毁灭力。风险性较大的意识有：投机的心态、侥幸心理、试试看的心态、过分依赖他人的心理、回本的心理等。

此外，大学生创业过程中所遇到的阻碍并不仅此十点，在企业发展过程中，随时都将可能有灭顶之灾的风险。保持积极的心态，多学习、多汲取优秀经验，结合大学生既有的特长优势，我们相信，大学生创业的步伐，会越走越远，越走越稳。

六、创业的注意事项

（一）多学多问，虚心请教

学习一直是成功人必备的品质。尤其对于缺乏社会经验的大学生创业群体，学习不可放下，而且应该是多方面并且有实效的学习。做事不能一意孤行，要向别人多多请教。请教对象不只局限于成功的创业前辈，还可是你的目标消费者，他们也是你的创业导师。

（二）耐住性子，不可冲动

冲动是很多年轻人的共性，而作为创业投资来说，更应该耐住性子，行事千万不能冲动。要多思多虑，年轻人创业本身就是有风险的事，所以后期经营过程中更应该深思熟虑，做有把握的事。

（三）勇于承担，负责到底

一个成功的领导者必不能少的品质就是勇于承担，不论失败成功，不能责怪别人或是怨天尤人，要多从自己身上找原因，错了就是错了，要敢于担当。

（四）要有大局意识，不能只顾眼前

做长久之事，行事需看到五步之外，所谓深谋远虑是也。大学生在创业的时候不能只看到一时得失，行事考量等都需往长远看，做合理的投资。

（五）向竞争者学习

竞争者虽然会在短期内给自己造成压力，但成功抑或是失败的竞争者都可以成为自己创业的现成教材。而且因为近地域和相似性，可以更加清楚地看到自己经营的好坏所在。

（六）做事前要仔细分析，请教前辈

投资本身就是一项很需要智慧和社会经验的脑力体力活。而这些又是大学生的硬伤，所以要多向前辈请教，借鉴前辈的经验，少走弯路，避免犯错。在自己思维范围内，做事前一定要先思考三分钟，拿出切实可行的决策依据。

（七）不可任意挥霍，合理理财

大学生习惯了衣来伸手饭来张口的生活，所以初期在花销上没有概念。而创业又是一个很需财力的投资，所以一定要克制自己，用钱的地方多，但一定要花到实处，绝不可以任意挥霍。

（八）要有从屡次挫败中爬起的勇气

数据表明：大学生成功创业者往往不到两成，这和他们自身局限以及性格特征或者阅历有诸多关系。既然失败的可能性很大，所以一旦面临失败，决不能灰心丧气，依然要保持热情。就算创业不成，也可转向工作或其他行业，力求在工作的磨炼中锻炼自我，重回创业的舞台，成就另外一番光景。

七、创业失败的原因

刚出校门的大学生满腔热情进行创业，有的成功，有的失败，但以失败居多。分析原因却具有普遍性，这里作个深度分析，让即将创业的大学生引以为鉴。

第一，盲目崇拜偶像。在很多青年心目中，创业英雄已然成为他们最崇拜的人，无形中就使得大学生创业者"唯其马首是瞻"，凡是李开复、史玉柱、马云、俞敏洪说的，就是对的。殊不知，这些成功的企业家自有他们令人望尘莫及的能力或品质，但成功永远是小概率事件，那些商业奇迹多少都有幸运的成分，而幸运却是不可复制的。创业者一定要因事因地独立自主思考判断，对那些成功案例中的方式方法也要有辩证批评的眼光，不可简单照搬。

第二，轻信"一面之词"。要么被合作方表面的热情和口头承诺所蒙蔽，既不做逻辑上证伪的反思，又不做独立深入的调研，轻易上当受骗；要么是在没有考证对方商业信用的情况下把大批货物发过去，最终收不回货款；要么是轻信对方吹得天花乱坠的新技术，最终浮出水面的却是粗制滥造的东西。

第三，迷信理论模型。高学历的创业者往往有纸上谈兵的倾向，他们把各种营销曲线模型和时髦的商业模式理论背得滚瓜烂熟，可到了本土商业实战上，却寸步难行。任何理论都有其边界和适用范围，特别是在中国这个转型期的市场经济初级阶段，商业生态极端复杂的现实面前，亦步亦趋地套用西方经济学模型显然是不行的。最终还是相信人脉就是钱脉，所以要建好团队。

造成这样结局的原因有二：一是中国学生从小到大，一心读考试书，两耳不闻窗外事，严重缺乏社会实践经验；二是中国高校缺乏批判性思维能力知识教育，这也暴露了高校教育模式的软肋。

八、学校应因势利导，促进大学生创业、就业

在当前严峻的就业形势下，党和政府提出要以创业带动就业，以创业促进就业，这充分说明了大学生创业的必要性。但是在校大学生创业中存在诸多问题，急需正确引导，加以解决。如何因势利导，引导在校大学生科学创业，使在校大学生通过创业成长成才、服务社会，应主要从以下几个方面努力：

（1）作为高校，要营造良好的创业环境，合理引导、科学指导在校大学生创业。

首先，各部门要齐心协力，齐抓共管促创业。地方高校要把创业教育纳入学校党政工作的要点。学校学工处、团委要积极营造创业教育氛围，教务处要改革创业课程教学及培养方案，定期开展创业实训等。要利用学生宿舍区、大学生活动中心开辟创业办公场所，为创业者提供创业支持等。

其次，努力开展校园创业活动，营造良好的创业氛围。向校内外招聘具有经营管理知识的教师、企业成功人士，对学生进行创业培训；通过树立创业典型，开展创业计划竞赛等活动，激发学生的创业兴趣。加强创业咨询和培训，设立企业家论坛，邀请校内外专家教授、社会成功创业人士组成创业指导专家服务团，为有意创业的学生进行分类指导，出计献策，提高学生的创业能力等。

最后，为大学生提供创业实践机会，提高学生创业能力。地方高校要积极为学生创设各种创业和创新的实践基地，从学校的日常运营中寻找创业教育的实践平台。充分利用校园里的复印店、报刊征订业务、报刊亭经营等，要求学生从做投标书开始，对运营的市场、经营策略、人员安排及制度管理作详细的分析，让学生亲力亲为，体验创业的全部过程。鼓励大学生创业实践发挥专业优势，倡导学以致用，创业与专业学习紧密结合，建立专业创业工作室，强调在实践中培养创业意识，提升创业能力。

（2）大学生应审时度势，苦练内功，科学创业。

首先，要树立科学的创业观。一方面，要正确对待创业，创业是一把双刃剑，把握得好不仅对大学生能力的全方位培养和素质的全面提高具有重要影响，而且是利国利民的好事；把握得不好则可能既耽误了学习时间，又损失金钱。所以，创业前要权衡利弊，理性做出抉择。另一方面，要全面看待创业，创业需要创业者资金、技术、能力、素质、心态等全方位的准备，要经过长时间实践和磨炼，才能出成果，所以切不可盲目冲动创业；创业有可能成功，更有可能失败，要做好失败的心理准备；创业会影响正常的学习、工作和生活，要科学地规划，要制订科学的创业计划和实施方案。在校大学生始终要把学业放在首位，利用创业来促进学业，切不可盲目创业。条件不成熟不可急于求成。

其次，要苦练内功，提高创业能力。创业者不仅要有良好的身体素质和心理素质，更重要的是具备良好的创业能力，具备创业所需的各种技能和本领。创业需要广阔的视野和广泛的知识，需要具备良好的交际能力、沟通能力、管理能力，需要扎实的专业知识，需要良好的素养和心态等各方面的能力和素质。没有扎实的技能和本领，是不可能实现成功创业的。因此，在校大学生创业前，要利用图书馆广泛地涉猎各方面的知识；要积极参加学校组织的各种创业培训、创业指导和创业实践活动，培养创业技能；要利用其他一切有利机会，锻炼自己的语言表达能力、沟通能力、管理能力和团队协作能力；要做广泛深入的市场调研，了解行业的运行机制、行业发展现状和前景。同时，创业还需要创业者惊人的胆识和敢于创业的勇气，创业者要积极参加学校各类活动，在活动中充分展示自我、完善自我和不断超越自我。

最后，要将创业与学业紧密结合，相互促进、相得益彰。学业和创业不是两张皮，而是紧密联系在一起的。良好的学业是创业的前提和基础，成功的创业能促进学业的开展。

（3）高校应鼓励和支持大学生创业。

鼓励和支持大学生创业，一方面在于创业能缓解就业压力；另一方面，更重要的是创业对提高大学生的实践能力、创新能力、创造能力等有重要意义。同时，创业过程中大学生将所学运用到实践中，做到学有所用、学用结合，更能促进和激发学的兴趣，促进大学生学业的开展。大学生要积极创办学科性的公司、企业、工作室，使创业与所学专业紧密结合，一方面可提高创业的技术含量；另一方面能更好地促进专业知识的提升，做到学以致用。而且，大学生创业定位不要太高，要把创业与学业结合起来，与知识提高和能力培养相结合，不要把创业的目标仅仅停留在赚了多少钱、赔了多少钱上。

近年来，随着高校毕业生就业压力的日益严峻，大学生创业，成为社会关注的一个新现象。近年来，社会对大学生创业给予鼓励和支持，并为此提供了许多好的政策和措施，一定程度上为大学生创业提供了好的条件。然而，这还远远不够，当前大学生创业依然困难重重。当前大学生创业，创业资金扶持依然是个大问题、当前创业的优惠政策力度还不够大，扶持的措施还不够具体和细致，可操作性还不够强。同时，大学生创业的社会环境还急需优化。社会要像关心大学生就业一样关心大学生创业，创业甚至比就业更难，更需要社会的关心和支持，要出台更多更优惠更实际可行的措施，促进大学生创业。特别是对于一些专业性较强、基础较好的学科性创业团体要加大力度支持。同时，家长作为大学生的主要经济来源和后盾，要多花时间关心、指导大学生创业。要利用家长的社会经验，多为大学生创业出谋划策。无论创业成功与否，要多肯定和鼓励，为其创业树立信心。此外，家长对大学生创业不要寄太多要求，毕竟在校大学生应以学业为重，对于大多数创业者而言，在校创业只不过是大学期间的一次宝贵经历而已。

九、成都青年（大学生）创业指南

中共成都市委、市政府高度重视青年（大学生）创业工作。2009年6月起，成都出台多项扶持创业政策，全面启动青年（大学生）创业园建设工作。12个产业特色突出、配套功能完善、承载能力强的青年（大学生）创业园已经初步形成。

锦江、青羊、武侯、金牛、成华、高新、龙泉驿、青白江、新都、温江、双流、郫县建成的综合性和专业化相结合的青年（大学生）创业园，正在向海内外创新创业人才敞开怀抱。

带着您的创业团队和创业项目，来成都创业吧，这里是你实现创业梦想的地方！

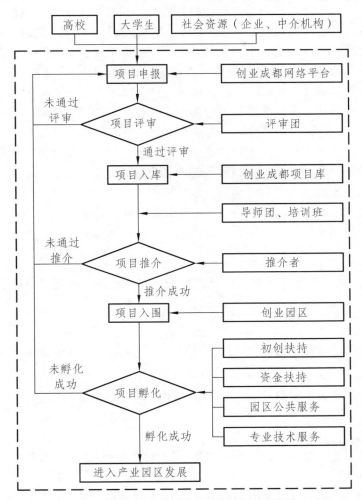

图　成都青年（大学生）创业园入园流程

申报条件：普通高等学校在校或毕业未满5年的大学生及其项目团队；具备成熟项目。

申报方式：登陆成都青年大学生创业网 http://cd.qq.com/cycd/，提交项目计划书，经专业评审通过后入园孵化。

政策支持：为切实推动青年（大学生）创业工作，进一步优化我市创业环境，2009年6月，成都市委、市政府先后出台了《中共成都市委成都市人民政府关于促进普通高等学校毕业生创业就业的意见》（成委发〔2009〕19号）和《中共成都市委成都市人民政府关于进一步促进以创业带动就业工作的意见》（成委发〔2009〕21号），为青年（大学生）创业提供了政策保障。

初创扶持：2009年至2010年，高校毕业生自主创业成功的（自工商登记注册之日起3个月内正常经营），一次性给予5 000元的创业补贴。高校毕业生创办的企业招用首次就业的高校毕业生，签订 1 年以上期限劳动合同并缴纳社会保险费的，每招用 1 名高校毕业生一次性给予 1 000 元岗位补贴。自主创业的高校毕业生及其创办企业招用的高校毕业生，3 年内免收人事代理服务费。

资金扶持：高校毕业生在我市自主创业自筹资金不足的，可申请不超过 5 万元的小额担保贷款；合伙经营和组织起来就业的，可据实际人数放宽到 20 万元，贷款 3 年内由政府全额贴息。对高校毕业生创办的具有发展前景的初创型科技企业提供创业孵化投资。符合条件的创业青年及其团队还可申报 YBC（中国青年创业国际计划）及"银团互动"项目。

税费优惠：月营业额 5 000 元以下的，2009 年 1 月 1 日起免征营业税。毕业 2 年以内的高校毕业生，从事除建筑业、娱乐业等行业外的个体经营，自其在工商部门首次登记之日起 3 年内免收管理类、登记类和证照类等有关行政事业性收费。

注册登记：高校毕业生创办个人独资企业、合伙经营企业不受出资额限制，设立登记免交验资报告；以知识产权、实物、科技成果等非货币资产设立企业的，非货币资产出资比例最高可达公司注册资本的 70%；创办注册资本 500 万元以下的有限责任公司，注册资本可自公司成立之日起 2 年内缴足。其他：享受城市居民最低生活保障的高校毕业生创业，在创业期间可继续享受最长不超过 6 个月的城市居民最低生活保障待遇。

十、成都温江区青年（大学生）创业示范园区

1. 园区概况

成都温江青年（大学生）创业示范园区以成都海峡两岸科技产业开发园为依托，已建成 5 000 m² 的综合服务中心、3.75 万 m² 的综合孵化楼、2 万 m² 的标准化厂房以及 1.5 万 m² 创业公寓。园区主导产业为电子商务、文化创意、生物科技。

2. 扶持政策

初创扶持：为创业者提供办公用房、多功能培训厅、洽谈室、创业餐厅、创业公寓等综合配套设施。

融资扶持：创建 1 000 万元专项创业扶持金、3 000 万元创业投资基金、200 万元 YBC 专项资金，采取与民间资本联合的方式，有效放大资金使用效益。

3. 平台简介

园区为创业者提供 5 000 m² 的办公用房、多功能培训厅、洽谈室、创业餐厅，打造集信息服务平台、公共服务平台、中介服务平台、资金支持平台于一体的综合服务中心。为创业者提供工商、税务登记代办，专业培训，项目推介，资金支持，中介服务等多种服务。

园区地址：成都海峡两岸科技产业开发园

规划总面积：62 500 m²

写字楼面积：42 500 m²

住宿面积：15 000 m²

住宿结构：四室两厅

第三节　大学生创业成功案例
——海南大学学生陈××的创业故事

一、基本情况

陈××，男，海南大学园艺园林学院海甸校区 2004 级园艺专业学生，2008 年毕业。该同学自 2004 年入学以后，经院团委招聘选拔，进入学院宣传部工作，成为一名团委干事。在担任团委干事期间，陈同学不但做好了本职工作，而且主动提出帮助外联部工作。在老干部的带领下，该同学开始外出为学院活动拉赞助，与经销商合作做促销活动，外联工作进行得有声有色。在这段时间里，该同学的组织协调能力和开拓创新意识得到了很好的锻炼和提升，并对基本的商业模式有了初步的认识。在团委工作一年后，由于该同学在外联方面表现优异，被任命为团委公共关系部部长，负责团委日常对外联络工作。

二、创业过程

人们都说，机会总是偏爱有准备的人。2005 年 5 月，南昌××生物有限公司设立海南办事处，并在校园招聘兼职业务代表，做生物学试剂销售。陈××和几个同学一起报了名，并开始了新的奔波。凭借着外联工作的基础，凭借着勤奋与执着，陈××的销售业绩一直在同时进入公司的同学当中遥遥领先，并很快被任命为该公司的首席业务代表，尽管那时候该同学还只是一名大二的学生。但是，陈××的视野看得更高也更远，他并没有满足于首席业务代表的职务，在了解公司运营模式后，凭借着积累起来的一点人脉，开始摸索自己的创业之路。

2006 年 3 月，陈××辞去南昌强生生物有限公司海南办事处首席业务代表职务，找来一名合作伙伴陈×（陈××当时的师弟），共同成立了海口美兰天生化试剂经营部。陈××的家庭并不富裕，营业部成立之初，总共启动资金不到 5 万元，还都是他与陈×两个人找亲戚朋友一点一滴凑到的，营业部的全体工作人员也只有 3 人，经营的业务范围仅限于生物学试剂和耗材。虽然创业的风险和困难摆在面前，他们依然坚持自己的梦想。一个小小的团队，犹如刚会走路的孩童，蹒跚行进，没有怕摔跤，而是对长大充满渴望。后来陈××回校给师弟师妹们做创业报告时回忆说："当时没想过其他的事，只是觉得，既然决定做了，就要好好做下去。"凭借着先前工作打下的基础和 3 人团队的日夜拼搏，小小的营业部在经历了短暂的艰难维持之后，销售业绩在刚刚足以支撑日常开销的基础上开始逐步增长。两个月后，3 个人凑在一起，举行了一个庆功会，庆祝得到创业以来的第一笔可观收入。公司的业务量在接下来的日子开始不断增长，随之而来的是资金需求量的不断增加。创业之初那 5 万块钱已经远远不能满足他们的需求，这个问题如果得不到解决，将会成为营业部发展不可逾越的瓶颈。他们开始广泛地寻找资金来源。也许是年轻人的创业热情与执着感动了他人，也许是营业部良好的发展势态坚定了他人对他们的信心，就在他们为筹集资金忙碌奔走的时候，一个客户

（中国热带农业科学院博士、研究员）同意无偿借给他们 20 万，用以帮助他们逐步扩大经营。这 20 万资金的注入使营业部的运营如鱼得水，施展的空间进一步加大。

在不到一年的时间里，2006 年的营业额已经达到 100 万余元。2007 年是一个丰收年，陈××的营业部继续扩大规模，拓展客户市场，营业额在 2006 年的基础上翻了 3 翻；为了进一步扩大市场和进军政府采购领域，2007 年 11 月，海南××科技有限公司正式注册成立，同时，陈××在自己的名片上印上了"总经理"三个字。2008 年，是 2004 级大学生的毕业年，当陈××的同学们拿着毕业简历四处投递的时候，他已经把自己公司的招聘广告挂在校园招聘会上，并抱着一大堆求职简历逐个揣摩起来。大学毕业后，陈××开始把全部的时间与精力都投入到事业当中，尝试参与政府采购竞标。这不仅使公司的业绩再上了一个台阶，公司经营范围进一步扩大，涵盖了科教仪器设备、工业仪器设备、生物试剂耗材、生化试剂耗材以及医药化工试剂耗材等；市场领域也由原先的科研院所逐步渗透到高校、农业系统、海洋渔业系统、公安系统、进出口检验检疫系统、医疗系统等部门。至此，公司的经营范围和市场定位已经基本形成。

目前，海南××科技有限公司共有在职人员 12 人，8 人毕业于海南大学，全部本科以上学历，其中硕士 1 人、博士 1 人。虽然目前海南同行业者有 100 余家，但海南××科技有限公司的营业额稳稳排在前 10 名。

三、总结与点评

陈××同学从一名学生干部到公司老板的创业之路，看似偶然，但其中也包含着很多必然。可以说，早期学生干部的经历，培养和锻炼了陈××的组织、协调、判断能力以及社会交往能力，而后来的兼职工作，为他的创业奠定了社会基础。总结陈××创业的案例，其成功的关键在于以下几点：

首先，拥有良好的创业团队。创业前必须慎重，选择良好的合作伙伴、组建优质的团队至关重要。时至今日，海南××科技有限公司创业初期的几个人都一直没有离开过团队，他们把目光放得更长远，开始逐渐引进博士、硕士等高学历高科技人才。

其次，要有一定数量的创业资金。创业资金曾经是陈××团队发展的瓶颈，不但要考虑到前期的启动资金，也要考虑团队业务发展所必需的后续投入资金。另外，选对项目，俗话说男怕入错行，女怕嫁错郎，选择一个自己熟悉的并且有发展前景的项目是陈××团队成功的关键。切不可盲目听从别人的介绍与劝导，在不熟悉行业内部情况的前提下盲目投入。

最后，拥有良好的人脉关系。这是保证团队能够在成立之初就能够打开局面的关键。当然，99% 的人脉关系都不是与生俱来的，关键是后期的交流与交往。如果没有现成的人脉关系，就必须要有很强的社交能力。这样才能够迅速建立并不断扩大人脉关系网络。

综合讨论

一、如何学会做人与做事

一个事业成功的人，一定是一个做人比较成功的人。一个做人很糊涂的人，能取得持续的成功吗？那么，如何学会做人？如何学会做事？可以考虑以下问题看能否回答。

人应改如何生活才算有意思或有意义？

"发牢骚"意味着什么？

想当元帅的士兵就是好兵吗？

"富不过三代"有什么道理？

什么是领导者？领导者最重要的特质是什么？

什么是"无为而为"？

什么是"成功"？

什么是"交际"？

什么是"管理"？

什么是"能力"？

什么是"聪明"？

是不是感觉社会与自身的想象差别很大？

是不是想通过跳槽或出国解决发展不顺的问题？

不屑于做小事，有错吗？

是不是恨自己浮躁，但又没办法克服？

是不是觉得自卑？

是不是觉得环境对自己不公平？

是不是总想得到别人的帮助但是总是得不到？

是不是觉得自己什么都懂，但是别人就是不认同？

是不是觉得自己总不能坚持做一件事？

是不是认为周围的人都很差，不值得你与之合作与交流？

是不是特羡慕有一些人"八面玲珑""左右逢源"，但又认为他们是"滑头"？

是不是总被人批评"这山望着那山高"，但你自己认为，这样不是表明自己有勇气、有胆量和活力吗？

是不是总想通过"交际"与"大人物"接触，但发现别人对自己不感兴趣？

是不是觉得自己不能与人交流主要是"口才"不好？

这些问题也许并没有标准的答案，但这些问题确实值得我们思考与讨论。当读完本章内容后，可能会发现，本章所论述的做人做事的道理可能就是你要的但答案。令人迷惑的问题，甚至具有相同的答案！

本章通过对大学生成长过程中有关做人做事的成语、常用语或基本问题的探讨，尝试回答上述一些问题，希望绝大部分需要通过逐步熟悉社会和人类的基本规则来获得社会资源的"普通人"，尤其是具有一定智力优势和知识或其他潜力优势的群体，能从中得到有价值的参考。

（一）积极上进

积极上进是一种生活态度。有人愿意辉煌腾达，有人愿意清平悠闲；有人选择遁入空门，有人为名利奋斗终生。无论哪种方式，都是一个人内心的自我追求。如果一个人有坚定的信仰，努力实现自己的理想，愿意去做一些实在的事情，只要不危害社会、不侵害他人，都可以称得上积极上进。一个年轻人树立正确而坚定的信仰，在老师和朋友、同学的协助下正确地认识自己，确定合理的目标，然后制订行动计划，逐一实现，就是积极上进。

积极上进有什么好处？如果每个人都能够尽量挖掘自己的潜能，自身生活品质可以得到改善，人类社会的生活也可以更好一些。从历史的时间、空间和宇宙尺度考察，个人甚至人类是渺小到没有意义的：人类的生命长度，甚至我们赖以生存的地球的寿命都可以忽略不计；地球在茫茫宇宙中也只是沧海一粟，个人更是极端的渺小和脆弱。但人类社会成员的相互依赖和种族的繁衍，使人们感受到勃勃生机，使人们由此感受到心灵的喜悦，使人们对创造这种美好和喜悦的人类社会充满了感激之情。由此，人类社会希望每个成员在享受前辈和他人创造的财富时，能够对社会做出力所能及的贡献。

（二）为积极上进确立一个什么样的目标

"积极向上"确立了一个符合人类社会发展空间需求和大学生可能实现的生活方式和理想目标。远大理想需要永远牢记在心中，却不能挂在嘴边，不能放在手上。"不想当元帅的士兵不是好兵"也许是对的，但天天说着当元帅的士兵肯定当不了元帅，因为他不会是好兵。

那么，应该树立一个什么样的目标？如何才能成功地实现目标？

美国加利福尼亚大学的查尔斯·卡费尔德对 1 500 名取得杰出成就的人物进行了调查与研究，总结了成功者的 5 个特点：

（1）选择自己喜欢的职业。调查表明：工作上取得优秀成绩的人，所从事的大都是自己所喜欢的职业。干自己喜欢的工作，即使薪金不高，但是能得到一种内在的满足，生活上会更加愉快，事业上也会更加成功。

（2）不力求尽善尽美，有成果即可。许多雄心勃勃、勤奋工作的人都力求自己工作尽善尽美，结果工作成就少得可怜。卡费尔德说：工作成绩优秀不能把自己的过失看成失败，相反，他们从错误中总结教训，于是下一次就能干得更好。

（3）不低估自己的潜力。大多数人认为自己知道自己能力的限度，然而一个人所"知道"的大部分东西，其实并不是完全知道的，而只是个人感受而已。由于人们很少认识到自己的能力限度究竟在哪里，以至于许多的人老是把自己的能力估计得低于实际水平。卡费尔德指出：对自己起限制作用的感受是做出高水平的最大障碍。

（4）与自己而不是别人竞争。成就卓著的人更注重的是如何提高自己的能力，而不是考虑如何击败竞争者。事实上，对竞争者能力的担心，往往导致自己击败自己。

（5）热爱生活。人们通常认为工作上成就优秀的人肯定是工作狂。其实不然，许多工作成绩优秀的人虽然乐于辛勤地工作，但知道掌握限度。对于他们来说，工作并不是一切。他们懂得如何使自己得到休息，如何安排家庭生活，抽出时间与家人共享乐趣以及尊重与朋友的关系等，事业成功者的生活是美满和谐的。

著名电视主持人杨澜曾经认为事业上的成功是自己的最大追求，但通过采访世界上的许多名人、成功人士，现在她开始感悟到个人内心世界的安详与宁静、轻松与愉快才是最重要的。在这个世界上，浮华终生未必带来心灵上的满足，繁华落尽，幸福的最终考量不是来自外界的一切名利，而是自己内心的平静。这种平静来自哪里？实际上就来自于对理想的一步步追求与实现，从而实现了内心对自我的认同。

（三）精益求精

一步步追求理想的过程，就是完成一件件小事的过程，这样的小事应该做得精益求精。一般来说，懂得原理、方法并不一定很难，容易懂的东西一般不值钱。把一件有价值的事情弄懂、会做，直到做出来，只成功了10%，还有90%的功夫在做出来以后。例如，许多人有足够的投资，能够产出电视机，但做出品牌就非常不容易。因为做出品牌不是能懂就行的，需要许多极小处的投资，包括技术改进、客户需要、管理等。因为做出来只要花10%的功夫，但做精要花90%的心血。

精益求精表现为对事情花的心血，而不是花时间，尽管花时间是我们最初必需的基础——最初花时间正是学会花心血的过程。事情做到最精处是要心血才能做好的，当然精益求精的精还要一个该精则精，该粗则粗，这取决于所做的事情对理想、目标的影响程度。与尽善尽美相比，前者是能区分事情轻重大小的，在应该含糊处含糊，应该认真处认真；后者则是无论事情轻重缓急，凡事追求完美，好钻牛角尖，耽搁宝贵时间和精力。

（四）无为而为

这是中国古老的哲理。在这里可以理解为，如果你在做一件事情的时候想着短期的、现实的回报，就可能什么回报都得不到。而不过多地去想现实的回报，反而可能逐步得到巨大的回报，这是一种无为而为。做事不想回报是不可能的，但对回报期的期待是一个人最终是否成功、有多大成功的重要原因。大政治家牺牲自我，成就一个集体的成功，最终他将从这种成功中得到人生的最大满足；同时，他的团队给予他相应的回报。即使得道高僧为人们服务，不需要社会的回报甚至承认，但他还是从自己人生信念或目标的满足得到了回报。对大学生来说，对短期回报的过分期待将是十分有害的。这种害处的主要表象是我们容易失去启蒙、锻炼、成长的机会：由于看不到长期的利益，许多应该做的事情我们放弃了；或者由于过分强调短期利益，事情做不精，达不到雇主的要求，雇主会主动放弃我们；或者有些事情迫于压力不得不做，但由于总计较得失，不能做深入，只有应付，最终花了时间和精力，影响了自己各方面的成长。

所以，如果自愿选择了做某事，或者条件决定必须做某事，你就应该尽力去做到完美，而不应该计较得失。

委屈和困难不能成为斤斤计较的理由。每个人都有自己的难处，只要努力，应该有解决的办法，也有得到别人帮助或改善局面的机会。

（五）持之以恒

有了做事的目标和方向，下一个要遵守的就是持之以恒。如果说做事的基本目标和基本方式使 50% 的人成为成功的候选者，那么，不能持之以恒则使 80% 的人淘汰出局。为什么这样说？因为做事情都有相对难度，没有深入做事情的人不能懂得成就一件事情的难度。成就一项事业（包括个人的未来）往往意味着在空间上要看清事物非常复杂的局面，在时间上还要预测未来，还要随时修正目标，并选择合适的手法去完成任务。而看清局面、预测未来、选择手法都是没有固定解的，除了需要必要的专业知识外，更重要的是通过大量的实践工作锻炼，持之以恒，通过感悟，得到理解，依靠经验、悟性、专业知识的结合来判断复杂的局面，预测未来的发展，选择合适的手法。面对这种难度，短期能应付的人可能不少，但长期坚持、持之以恒的人就少了。最后成功的人几乎都是持之以恒的人。基础不好、智商不高，持之以恒有用吗？应该说，持之以恒是一种良好的个人行为模式。只要大方向没错，持之以恒是肯定有或大或小的成果的。古人所谓"只要工夫深，铁杵磨成绣花针"，讲的就是持之以恒的道理。一位知名教授要求一些没有持久性但很聪明的学生每天坚持在操场跑一圈，坚持三个月就算成功。但后来他发现学生最多能坚持一个月。所以说，持之以恒，哪怕坚持很小的事，都不容易做到。如何做到持之以恒呢？一个简单的办法就是做自己喜欢做的事情，或者培养自己对原本不喜欢的事情的兴趣。但仍然需要毅力和理性判断。因为社会众多的诱惑，容易使信念动摇，精力和健康可能使我们退而求其次，长期的心理紧张、家庭负担，都有可能使人不能接受，最终选择放弃。但是，要想成功，必须持之以恒，而且有一个似乎总能成立的定律：越不能坚持的时候，越是出现希望的时候。

（六）团队合作

团队合作对现代社会的人类有重要的意义。社会分工越来越细，工作目标越来越庞大，人类工作依靠个人力量——手艺的时代已经过去了。在依靠手艺的时代，除工作性质可以依靠个人力量外，还有一个与现代社会不同的最大特点——知识、技巧是几代人不变化的。因此，师从一身，受益一生，走遍天下，传给后代。但现代社会知识和信息爆炸，大量的团队合作是完成事物的过程，也是交换信息、交流经验和知识的过程，因而也是促进我们成长的过程。因此，没有团队合作就没有现代的概念。

团队合作能够使人及时地矫正自己及对人的评价，将自己摆在合适的位置，这是现代社会成功的重要基础之一。通过团队合作，你可能会很惊讶地发现，即使平时看起来不起眼的合作伙伴，也可能在某些方面具有你根本学不到的能力。为什么呢？除了一个人天生的素质有一定的差别外，由于现代社会知识和信息的多样性，每个人不可能经历有所类似的事情，有限的精力加上思考总结变成每个人的背景，成为每个人的特有能力。所谓"将门出虎子"，最主要的原因是古代将门的子孙能够受到环境的直接熏陶，成就了具有虎子的特性。古代由于咨询不发达，除了耳濡目染，获取信息的唯一来源就是读信息量有限的"圣贤书"。加上受教育不平等，只有将门才能出虎子。而今资讯发达，成为"虎子"的道路多样化，每个人都可能成为"虎子"，但这种情况需要我们具备另一种能力：在纷杂的信息中获得对自己有用的东西。这种能力获得的主要途径就是团队合作。所以，发达国家招聘员工或学生时的重要条件之一就是"team work"的能力和经历。

团队合作在古代和现代都具有重要意义的一个特征即在团队合作的过程中，一个人不仅可以向他人学习，还可以学到为他人着想的良好思维方式。这种思维方式在人类社会具有非常特别的效果：如果一个人能为希望成为你合作者的人着想，他将比较容易达到目的；相反，如果他总是想"我什么要他给我"而不是我要给他提供什么，最后很可能什么都得不到。在人群中受到尊重、爱戴和追随的人就是这群人中的领导者，这样的人不一定具有显赫的职位，但一定具有非常的魅力，能为他人着想就是这种魅力之一。如果他认为这世上只有他一个人能干，能够干好所有的事，他将在不久成为可笑之人，一个真正的"孤家寡人"。

团队合作还要人们学会交流的思想和技巧。善于交流、希望交流将使人心底明亮；交流技巧的推敲和表达过程本身也能促使人们思想不断提高。

总之，团队合作除了能够成就一件件的具体事外，还能够有利于一个人认识自己，将自己摆在合适的位置，进而发挥自己的特色，成就终生的事业。

（七）少发牢骚，多做实事

这里主讲个人与环境的关系。结合以上团队合作的观点，如果一个人能够在事业上有一个好的环境，包括对自己所在的体系的高度认同和与合作伙伴之间的良好关系，不管自己处于多高或多低的位置，只要能使自己真正发挥自己的才能，这个人就会感到幸福。

发牢骚是对环境不满的表现。如果说改革开放的初期人们对社会环境不能接受或不能理解，采用发牢骚的方式来抒发这种情感或想法，还是可以理解的。但经过多年的发展，发牢骚已经失去了原来的功能了，在许多的场合成了不思进取、不做实事的代名词：容易发牢骚的人往往是那些自认为自己非凡，感觉环境不能接受他们或环境对他们不公平的人。

这种情况可分为两种：

（1）环境确实不公。如有人出生在农村，有人家庭条件好，有人所在的团体或单位行业具有"强势"，对于这种情况，我们树立的基本观点是：首先，人世间没有绝对公平的资源分配；其次，相对公平是可能转化的，有的弱势者反而容易奋发图强，经过一点一滴的努力，很可能最后取得成功。

（2）主观地认为环境对自己不公平。第一种情况是自己不断努力，但好像得不到承认，似乎不公平，一般来说，一个正常的环境对一个人的承认需要一个过程，因为任何事情都是花时间和精力的，年轻人的成长更是如此。另外，有人认为自己很强，很高明，而不如自己的人却能得到更多的承认，这是由一定的环境不公导致的。对思想和工作方式比较自由的人来说，特别容易产生这种问题，如有人得到许多人特别是许多优秀的人的承认，面对这种情况，理智的方法应该是分析一下他为什么能得别人的承认，而不是自身对他判断有误，或者对他了解不全面。有人目标远大、脚踏实地，别人都认为总在做一些所不屑的事情。事实上是他明白"看得到"首先一定要"做得到"而不是"说得到"。所以，发牢骚将使你迷失自我，失去学习和成长的机会。

需要强调的一点是，如果由于以上提到的这些不正确的观念导致与环境不和谐（大学毕业生往往会如此），一个人在想要的环境中和岗位上做不好，换一个环境未必就能做好，因为环境不是决定因素。因此，对于年轻人，频繁地跳槽、过分地寄希望于出国等，以期将来一蹴而就，是非常错误的。频繁地更换环境有两个出路：一种是从原来以为是目标的环境（如出国）中感悟到，必须从事实开始，这样换环境成为了成长的一种手段；另一种是基于环境对自己的不公平，或不合适，直到自己闯劲耗尽，在最后一个环境中随遇而安。当然，也可能有奇迹发生：在更换环境中突然发达。但那是不符合规律的，是特例。在这里，并非提倡每一个人都不变换自己的工作环境或工作岗位，但理智的变换环境应该是在客观深入地分析和尝试后，发现自己的特长不能发挥，在新环境中能够发挥得更好，这样可能对自己是一个飞跃。

（八）中庸之道

一个人的品质或思维、行为方式决定了他的人生道路。可以认为，人的每一种品质，都有一个标尺（坐标）中点是零点，向左是不足的不良方式，向右是过分的不良方式，中间就是分寸得当的"中庸"之点。

每个人出生时的品质并没有在标尺上定位，而是在成长的过程中逐步明晰。大学生有能力通过后天的学习和钻研，将各种品质定位到中庸之点附近，不要偏颇，这对人对己都将是极大的成功。当然，有些成功人士的某种品质可能不在中庸之点附近，如秦始皇、曹操等。绝大部分人应该将各种品质定位到中庸之点附近，以保证自己的成功和自己美好人生的实现。如何定位？唯有通过努力，从做好每一件事情中去体会、去学习。达到这种中庸之道，实质上是反映了人们从事日常事务到重大问题的把握或决策能力。中庸之道显示了人们思维的特别优势：不可能采用数学公式来决定。因而再精巧的计算机也不可能代替人类进行这样的决策。

（九）近朱者赤，近墨者黑

"孟母择邻而处"是教育子女的千古佳话。这表明，所交的朋友或所接触的人决定了自己的品行和发展趋势以及思维方式等，最终对个人的成长具有重要意义。在现代社会，随着法治社会的健全、社会的安定、生活水平的提高，"坏人"等品行方面的问题不再是突出的问题，特别是对能够接受高等教育的人群，"赤""黑"概念不再是"好""坏"。但这好比降低"近朱者赤，近墨者黑"对人成长的引导性意义或警示作用，实际只是其特征和内涵不同而已。

首先，社会文化的多元化发展，对各种类型人的容忍程度大大增加，部分在某方面成功，但在某方面有缺陷的人士可能由于咨询不发达、理解的多样性甚至商业目的，对年轻人有很大的引导作用，也就是说，"朱"和"墨"的概念和界线并不清晰。例如，有的人发财了，但生活方式不健康；有的人有好的地位，但心胸狭窄，长时间生活在妒忌不满的痛苦中；有的人基础不牢靠，却获得了成功，等等。但由于他们在某方面的成功，很容易成为我们学习的榜样，这就要求我们对学习的榜样进行客观分析，特别是看他们的发展道路是否符合自己的特长，他们的生活模式是否符合自己的人生目标。

其次信息和知识的爆炸使得占有优质信息的人成为社会的精英，所谓的优质信息，是指有助于人们看清事物的本质、有助于人们找到解决复杂问题方法的信息。目前，非常时髦的EMBA教育和各种训练，各种精英论坛，高层人士联谊会等就是希望创造优质信息的传播场所。如果你能够在最短的时间内加入到拥有优质信息的群体中，那么，你就实现了现代社会的"近朱者赤"了。

每个大学生都希望尽快地达到较高的目标，但怎么才能尽快达到目标？从哪个途径达到该目标？下面从这个角度探讨一下人如何上升，选择何种途径上升。

首先，是否有好的职业、好的专业和工作性质就能够更高地上升，更快地地占有优势资源？答案应是否定的。现代人类社会就像在一块宽阔的平地上崛起的许多大大小小的山体，这些山体代表不同职业人们的成长轨迹。从山脚开始，一步步往上升。虽然在不同的山上，但在相同高度上的人们可以进行对话。以此，各个山体上升到半山腰的部分人，他们就能进行对话——他们是占有部分优质信息的人，是比较成功的人，他们的对话将导致他们与那些在山下，不能与他们对话的人的差距增大。少数人升到山顶，他们是社会的精英，是优质信息的占有者（当然还占有其他优质资源，但信息是最重要的资源之一）。这些人可能是企业家、政治家、科学家、音乐家、艺术家、工程师，与职业没有关系。由于现代社会的高度发达，资讯传播的发展，社会的多样性，可以有预见性地看清事物的本质，从其他的成功人士那里得到启迪，确定自己的特色，找准自己的位置，成为成功人士必备的基本功。而这些从不同的山体升到山顶的人、占有现代社会优质信息的人，他们之间的对话使他们更有机会看清事物的本质，更能够从其他人那里得到启迪，从而进入更大的良性循环。

不少人身边就有升到半山腰或山顶的人，而他还在山底。由于物理距离的原因，他能够与山腰或山顶的人进行简短的对话，但进行真正深入的对话，其途径只有：发现他们，认准他们，尽快升到与他们相同的高度。有的人凭借某些因素，如家庭条件，或者某些独有的特长，而不是凭借自己全心、全过程的努力，被幸运地升到半山腰。如果想真正踏实地升到半山腰或山顶，他必须认清楚自己所缺乏的，并且一定要补上来，如果不能主动地认识到这一点，可能命运还会把他抛回去，让他重新从山脚开始，重新让他"近"他对应的"朱"。

如何往上升，在初期，没有捷径，只有认准目标，一点一滴地从小事做起，在上升的同时积累更快上升的实力。最初不能"这山看着那山高"，因为很难知道到底"那山"有多高，能不能爬上"那山"。一个人要克服这种很有可能存在的误解：其他行业或职业专业比自己现在做的容易，更有前途，原因是仰视时很容易看到对面上升的人，以及他们的轨迹，但不容易看到自己头顶上的人！只有当你做到一定程度后才可能看到自己头顶上的人，才发现这座山是否合适于他，那时候才能采取行动，更换另外一座山如更换工作岗位、更换专业等行动一样，因此建议同学们在起步的过程中，除看书学习社会成功人士外，还要多观察周围的人，研究周围人的思想轨迹。身边的人既方便学习，又具有现实性。但研究周围的人，要看到实质，不要看热闹，不要被别人的议论所迷惑，因为周围人的参考价值是被同样为周围人的议论所降低的。

在埋怨所学专业不好的时候，应该记住一个事实：当你在专业积累足够实力的时候是很容易转到其他专业的，因为积累的东西本质上是相通的，如做人做事的道理等内在资源（管理的最高层次和精华）、资本和人际关系等外在资源。

作为学生，最有可能成为"朱"和"墨"的人是老师。因此，选择良师，尤其是优秀的老师，接近他、学习他，掌握其做人做事的思维、方法，对同学们将造成深远甚至是一生的影响。

（十）把握未来，做时间的主人

应该认识到，一个人的未来只有依靠自己来把握，环境只能提供帮助，而且环境提供的帮助还具有"马太效应"：一个人自己做得越好，可能获得的帮助才越多。从不同的角度考察，每个人都会是优秀的，都有力量把握自己的未来。同时，世界上有许多的同龄人、前辈和后来者，深入系统地了解他人、了解世界，才能自己定义自己真正的特色，才能有一个完美的人生。

现代社会是一个竞争的社会，把握自己未来、成就自己的特色，最需要的是努力，这永远是必要条件。不花功夫的"特色"是没有价值的。认为一个人未来的成就或得到的承认、累计所花的心血和功夫，与他生来的基本条件有一个函数关系：如果他希望得到的成就（社会资源分配）超出他生来的条件应该对应的平均水平，那么他累计所要花的心血或功夫与他人所花工夫的平均水平的差距应该与前述差距有指数关系。

所以，成功没有窍门，或者说花工夫就可以找到成功的窍门。

到哪里花工夫？不要懒惰，不要计较得失，珍惜每一个能够得到锻炼的机会。如果没有特殊的机会，就将目前的书读深入，主动将必须上的课听好、学好，努力培养起学习兴趣。参加工作后，也应该将本职范围内的每一件事情做好，而不是要等别人来考核。因为对于许多人，"不喜欢"很可能是没有真正了解事实真相情况下的一种不正确的看法，也很可能是懒惰的一种借口。这样做不是为了别人，不是为了父母、老师或老板，而是为了自己的未来。

花工夫做好每一件事，花工夫思考和感悟做事中遇到的问题，最终确定自己的特色和社会中的定位，是我们年轻人成长的法宝。

二、如何使大学生活学有所成

正如《读者文摘》所说："大一不知道自己不知道，大二知道自己不知道，大三不知道自己知道，大四知道自己知道了。"如何规划自己的大学生活？这是一个极为重要、难以回避的问题。如果大学生能及早进行正确的规划和思路，那么会少走许多弯路。请阅读本章下面的内容后发表评论，并就这些问题与同学、老师交换意见。

思考与讨论

问题1：就读时有经济压力怎么办？

虽然并不是每个人都会有经济压力，但现在确实有部分学生在大学阶段有很大的经济压力，甚至陷入贫困之中，有的大学生靠家里卖房子、卖家当供读书，但是贫困地区的那点钱，对高昂的大学学杂费来说无疑是杯水车薪。坐在课堂里，担心的是下周的生活费、下学期的学费，这样的读书生活是否就应该绝望？虽然现在有奖学金、助学基金、助学贷款……真正帮助的人还是少数。那么，你如何去应付大学的经济压力呢？

问题2：心理承受能力脆弱怎么办？

如今社会竞争激烈，为了找到一份工作，许多学生拼命学习，却越来越没有勇气面对未知的将来。还有的同学从小娇生惯养，受不了一点挫折，甚至出点小问题就想寻短。许多学生表现出社会经验不足、依赖性强、心理承受能力差的特点。你是否关注过你的心理承受能力？你准备如何进行心理调节？如何用生活经验磨炼自己的意志？

问题3：面对感情的纠葛怎么办？

流行文化里的爱情，让现代大学生爱情观念发生了巨大的改变。大学校园里曾经流行过一句话："昔人已乘宝马去，此地空闻旧人哭。"这是对当代校园爱情的生动写照。现在大学生喜欢速食爱情，却不知道留下的后遗症有多么的严重。在校时恋爱，毕业就分手的情况很普遍，感情本来就是双方面的，难以预知结果。面对爱情，你是否能做到洒脱放下？还是既拿不起也放不下，只能往前一直钻进死胡同？把爱情当作游戏看待，草率对待感情问题固然不对，那么把爱情当成一切，把爱情当作主业、把学习当作副业是否就是感情执着？如何面对情感的纠葛，实现感情、学业"双丰收"呢？

问题4：性格内向，交不到朋友怎么办？

很多大学生入校时都是第一次离开父母，离开自己生长的环境。进入校园开始集体生活后，如何与同学、朋友以及社团的同事相处就成了大学生学习内容的一部分。"人际交往能力不够强，人际圈子不够广，但又没有什么特长可以引起大家的注意，在社团里也不知道怎么和其他人有效地建立联系。"这是一些大学生在人际交往方面经常遇到的困惑。会以诚待人吗？会以责人之心责己、以恕己之心恕人吗？有自我批评、有过必改的态度吗？愿意从周围的人身上学习吗？在学校里，如何使每一个朋友都成为自己的良师？又如何帮助每一个朋友，尝试着做他们的良师和模范呢？

问题5：参加社团活动影响学习怎么办？

在校园里，学生会、学生社团、校内媒体、班干可以算得上四大公干，它们可锻炼能力，提供社会学习的机会，搭建社交平台。通过它们可以轻而易举地认识来自许多的其他学院的同学，接触到社会上的不少事。但是在学生会、社团、媒体、班干这四大公干里，随便加一个也会影响学习，面对社团活动所带来的精力分散和身心疲惫，应该如何面对？

问题6：学完了专业导论，我们还是找不到学习的兴趣怎么办？

有些同学后悔自己在入学时选错了专业，以致对所学的专业缺乏兴趣，没有学习动力；有些同学则因为追寻兴趣而"走火入魔"，毕业后才发现荒废了本专业课程；另一些同学因为在学习上遇到了困难或对本专业的偏见，就以兴趣爱好为借口，不愿意面对自己的专业。这些做法都是不正确的。有些同学说，我学了专业导论，还是不喜欢这个专业，也找不到学习的乐趣，怎么办呢？转专业，还是退学，还是继续留在本专业学习呢？我认为，对待这个事情应该慎重一些才对。《论语·季氏》："夫如是，故远人不服，则修文德以来之；既来之，则安之。"也就是指既然来了，就要在这里安下心来学习。如果确实对本专业有反感，调调专业或者是退学也是一种选择。

人生的路很长，每个人都可以有很多不同的兴趣爱好。在追寻兴趣之外，更重要的是要找到自己终身不变的志向。除了"选你所爱"，你是否尝试过"爱你所选"吗？

同学们，大学的列车已经出发，大学是人生的关键阶段，是人生最美好的时段。大学三年，对于漫长的人生而言，虽短暂却是极其重要的，尤其是对于那些知识改变命运的农家学子。大学对于大多数人来说是一生中最后一次有如此充裕的学习时间，最后一次有机会系统性地接受教育，希望大家认真学习，以提高未来工作和生活的能力。大学生活是丰富多彩的，请把握机会，追求属于自己的美好未来！

参 考 文 献

[1] 李海宗. 高等职业教育概论. 北京：科学出版社，2009.

[2] 国家教育委员会职业技术教育司. 全国职业技术教育工作会议文件汇编. 北京：北京师范大学出版社，1986.

[3] 王明伦. 高等职业教育发展论. 北京：教育科学出版社，2004.

[4] 吴雪萍. 国际职业技术教育研究. 杭州：浙江大学出版社，2004.

[5] 张家祥，钱景舫. 职业实际教育学. 上海：华东师范大学出版社，2001.

[6] 周光勇，宋全政. 高等职业教育导论. 济南：山东教育出版社，2003.

[7] 彭腾，阚小良. 高职人才培养目标的历史、现状与未来. 岳阳职业技术学院学报，2005（2）.

[8] 谢明荣，邢邦圣. 高等教育的培养目标和人才规格. 职业技术教育，2001.

[9] 袁振国. 当代教育学. 北京：教育科学出版社，2004.

[10] 大学与大学教育的特点. http://sociallearnlab.org/sixiu/index.php.

[11] 高等教育百度百科. http://baike.baidu.com/view/11005.htm.

[12] 高等职业教育百度百科. http://baike.baidu.com/view/1308366.htm.

[13] 园林工程技术百度百科. http://baike.baidu.com/view/1094754.htm.

[14] 西方园林百度百科. http://baike.baidu.com/view/1656193.htm.

[15] 园林学百度百科. http://baike.baidu.com/view/101140.htm.

[16] 园林绿化百度百科. http://baike.baidu.com/view/855834.htm.

[17] 张国强，李志生. 建筑环境与设备工程导论. 重庆：重庆大学出版社，2007.

[18] 卢坤建. 艺术设计类专业概论与职业导论. 广州：中山大学出版社，2009.

[19] 陈尚玲. 高职园林工程技术专业教学改革与创新的研究. 广西教育，2011.8.

[20] 常会宁. 园林工程技术专业人才培养模式的探索与实践. 辽宁农业职业技术学院学报，2008，10（6）.

[21] 朱祥明. 风景园林设计师的社会责任. garden 园林：仲秋版，2008（9）.

[22] 张安，张云路，孔明亮，章俊华. 企业社会责任（CSR）与风景园林——为了实现低碳社会. 中国园林，2010：31-34.

[23] 吴桂昌. 建设勇于承担社会责任的绿色园林企业. 中国企业家杂志，2008-12-22.

[24] 彭智勇. http://www.gmw.cn/01gmrb/2009-09/16/content_982119.htm.

[25] 百度文库. http://wenku.baidu.com/view/0b4c8ad526fff705cc170a77.html

[26] 邓丽丽. 在校大学生创业现状及出路探讨. 青年文学家·教育论丛，2012：119-123.

[27] 张衍群. 大学生创业意识和创业能力培养的途径探讨[J]. 河南科技学院学报，2012（8）：62-63.

[28] 化新向. 大学生创业教育的现实与思考[J]. 创新与创业教育，2012（4）：39-41.

[29] 百度百科. http://baike.baidu.com/view/9931.htm.

[30] http://cd.qq.com/a/20091024/000090.ht.

[31] http://i.ceba5.com/post-49.html.

后　记

　　自教育部《关于全面提高高等职业教育教学质量的若干意见》（教高〔2006〕16 号）出台以来，我院一丝不苟地贯彻落实文件精神，积极进行专业建设、教学改革，推行校企合作的办学模式，全面创新了"项目驱动、四段育人"工学结合的人才培养模式，切实把工作重心落在师资队伍、课程、校内外实训基地等方面的内涵建设上，进行了为地方经济社会发展培养高素质技能型专门人才的有效探索。本专业自 2002 年招生以来，特别注重在一、二年级开始"工学交替"的大胆尝试。

　　遗憾的是，在安排学生下企业时，遭遇了部分学生及其家长的种种困惑。这不禁令人反思：我们在制订人才培养方案时，是否忽略了教学的另一个主体——学生？我们的学生是否真正了解高职教育不同于传统高等教育的特殊规律？是否在认真思考自身所学专业和毕业后从事职业之间的关系？我们的学生走进高职院校的大门时，我们是否就应该让他们尽快明白——我来这儿学习什么？我应该怎样学习？为什么我要这样学习？我所学习的专业和我以后将要从事的职业有怎样的联系？

　　正因为如此，我和我的同事们产生了课程体系改革的念头，增加了园林工程技术专业导论课程，并把这门课程放在学生进校后的第一学期开设，并将其作为第一门专业课程。为了更好地教学，编写了《园林工程技术专业导论》这本教材。学生进校就学习这门课程，达到提前宏观鸟瞰专业、职业、岗位、课程、技能、学习方法等目的，进而，在三年的学习与实践过程中，逐渐培养自己工学结合的自觉意识，逐渐形成自己的职业意识、技术意识、劳动意识乃至服从意识。

　　本书包括认识高等教育和职业教育、认识园林工程技术科学、园林工程技术专业人才培养方案、园林工程技术专业教与学、园林行业人员的社会责任、大学生自我职业规划、高职高专毕业生就业与创业、综合讨论等八章的内容。本书内容丰富，让学生首先了解"我将来是干什么的""我面向的岗位群是什么""我所从事职业的工作过程是怎样的"等，引导学生在三年内始终思考"我该为将来准备什么""我该具备怎样的职业能力和职业素质"等，激励学生向更高层次发展——要成为一个优秀的"职业人"，"我在大学三年应怎样有效地学习和进行职业规划"等。全书行文力求形象直观、图文并茂，让以形象思维为主的高职学生乐于接受、易于吸收。

　　这本教材对学生而言，专业学习和职业规划浑然一体，专业知识、技术技能的学习和职业素质的养成，从一开始就不分你我，有利于学生成为一个完整的"职业人"。对教师而言，专业教学和职业指导不再是"两张皮"，专业课教师和职业指导师真正融合，"双师型教师"的锻造另辟蹊径。而编写教材时，专业教师、行业企业工程师及能工巧匠的精诚合作，又使学院专兼职教学团队的建设水到渠成。对学院而言，校本教材的编写，不仅促进了特色课程建设，而且也使师资队伍建设、学生职业素质训练等工作受益匪浅。这本教材的出版，对正在进行省级示范建设的成都农业科技职业学院园林工程技术专业而言，意义非凡。

本教材由成都农业科技职业学院任主编，四川农业大学风景园林学院任副主编，广西生态工程职业技术学院、眉山职业技术学院、温州科技职业学院、成都艺术职业学院参编。我要感谢编委会所有成员，感谢出版社的辛勤劳动，感谢参与教材编写的来自行业企业的各位工程师及能工巧匠，没有他们的辛勤劳动，就没有今天的成果。

由于本书成书仓促，见识见解难免有疏漏浅薄之处，欢迎各位行家和读者批评指正。并且，本书内容援引百家，部分图片及资料来源于网络，难以一一考证注明，挂一漏万，不尽之处，敬请原谅！谨向各位同人致以诚挚的谢忱与敬意！

我们相信，这本凝聚着这么多老师、行业人士智慧的教材，一定能够给我们的专业建设以及这一专业学习的莘莘学子资以参考价值。

王占锋

2013 年 8 月